Recipe

自己

釀

釀醬油、米酒、醋、紅糟、豆腐乳**20**種家用調味料

傳統釀漬薪傳師的使命感

　　小時候生長在東海堂徐相公傳下渡台 18 世，世居桃園縣新屋鄉為一標準的客家大家庭，白天因父母親在大馬路邊開雜貨店做生意，三位伯父家則種田種菜，平常為了安全，我常被送去跟著祖母作伴，在傳統的三合院老家房舍中進進出出玩樂，因此常常接觸到傳統各式實用的釀漬產品，如平常釀些糯米酒、楊桃酒、薑酒、葡萄酒，冬天蘿蔔盛產期，則採收醃漬做福菜、蘿蔔乾及年終才會做一次的糟嬤（客家紅糟）。在過農曆期間，家人利用敬神祭祖後煮熟的牲禮供品醃漬紅糟，每年來拜年或回娘家的親戚朋友就隨時有好吃的紅糟肉可以享用。夏天則看到祖母利用空出的穀倉培養出米豆麴，用於醃漬鹹冬瓜、豆腐乳及客家米醬，伯母們也隨時利用曬穀場曬豆乾、曬蔬菜，以及腳踩芥菜做出好吃的酸菜及梅乾菜或福菜⋯⋯等。從來也沒有想到長大後的我會成為傳統釀漬傳承的薪傳師，或許這就是一種因緣，或許也是一種機緣，更是一種使命感。

　　大學畢業服義務預官役時，進入通訊部隊當營隊輔導長，第一次正式接觸大團體伙房餐飲料理的管理配菜採買實務工作，奠定我食品安全管理基礎，後來進入台北市高中職當軍訓教官從事八年的教學輔導工作，也奠定我教學基礎。民國 76 年因長輩的提攜及新朝集團需要人手，毅然轉換跑道，進入食品界的鮮奶業、飲料業做全面的生產行銷管理工作，後來又開發茶類

及保健食品的生產銷售。在這期間曾到大陸投資設廠，認識許多釀造、釀漬及微生物應用的高手，奠定我對生物生技發酵食品微生物應用的研究開發，當時在鄉間小路雜誌上刊出不少寫稿，民國 92 年因台灣酒廠的開放，於是投資合法設廠生產銷售，讓我從食品飲料界又踏入釀造界。

從初期的釀酒、釀醋、從事兩岸交流，到出版《台灣釀酒實務》及《釀醋實務》兩本書之後，為了圓「讓傳統的技藝，賦予新的傳承」的夢，更想發揚客家人的釀漬產品的精華，我不斷利用舊有家傳的基礎，結合現代科學理論依據，從實務中將釀漬加工的配方做定量、定性工作。也正好利用十幾年來在職訓局當技藝訓練講師教授釀漬課程的機會與我的工作夥伴古麗麗老師及年長的學員們充分驗證配方，並建立起釀漬基礎，將可行的加工原則與步驟彙集在這本書中。

相信這本書對釀漬有興趣者或是想從事釀漬 DIY 的讀者，只要你願意動手做，逐步參照本書單元的做法步驟去實際體驗，應該有一定程度的幫助。

徐茂揮

［作者序二］

堅持食材的天然性與方便性

　　從年輕時買各種食譜開始，對於食譜內容裡的各項產品的配方材料，只要看到不是屬於天然的或不容易買得到的食材，儘管內容裡面有喜歡吃的菜色，我也不會買下該本食譜。所以，食材的天然性與取得的方便性，絕對是讓人想挽起袖來自己做的動力來源。

　　一向秉持著我的堅持：食材的天然性及取得的方便性，加上從事職業訓練教學多年的經驗與心得，藉由正確的配方及簡單而完整的做法，與各位同好互相切磋，期望大家都能在自己釀的過程中，感受到健康又單純的幸福滋味。

　　這本書的誕生，除了要感謝中華農特產品生產加工釀造協進會理事長徐茂揮老師一路走來的提攜之恩，也要感謝幸福文化出版社所有參與同仁的努力，沒有各位的辛勞就沒有這本書的誕生。各位辛苦了！

古麗麗

Contents

目錄

[導讀]

釀醬之前的事

作者序

　　本書是我和古麗麗老師累積十年來在勞委會職訓局職業訓練中心農產品加工領域,教學的精華之一。為了推廣「讓傳統技藝,賦予新的傳承」的理念而分享的一本發酵食品釀漬技藝傳承,它是一本初學者的工具書,也是進階者自我檢視連貫性釀漬方法的書,為了讓讀者或學員能更得心應手的使用本書,我先為各位做導讀。

　　整本書分為五大類:釀酒類、釀醋類、米麴類、釀漬類、果醬類。除基本原則介紹外,主要是在應用,希望讀者能連貫。

　　釀酒類章節有〈甜酒釀〉、穀類酒之〈米酒〉、〈客家紅糟〉、〈福州紅糟〉與水果酒之〈柳丁酒〉,主要是談發酵食品中的酒精發酵,其中所區分出的穀物酒類與水果酒類的釀製大原則與方法,又分釀造酒與浸泡酒或再製酒的三種做法。這已涵蓋所有釀酒基礎,讀者千萬別只看示範的這幾種而已,一定要舉一反三,其實只要將原料更換,就是另一種新產品。為了區隔讀者需求的不同,前面單元只呈現熟料米酒與生料米酒的 DIY 做法,其餘的請看其他或附錄單元酒的介紹與實務。

　　釀醋類章節有〈米醋〉、〈糙米醋〉、水果醋之〈檸檬醋〉，主要介紹醋類，區分釀造醋與浸泡醋兩大類，以檸檬浸泡醋做為示範，由於培養醋的醋與溫度、氣候有關連，建議讀者把握夏天釀醋，冬天釀酒的大原則，如此才會事半功倍，減少挫折。

　　米麴類章節有〈米麴〉、〈豆豉〉、〈豆腐乳〉、〈味噌〉、〈味醂〉、〈豆醬〉、〈醬油〉。每單元都有相連性，尤其是〈米麴〉這單元特別重要，只要克服生產技巧，其它都會迎刃而解。

　　釀漬類章節有〈辣椒醬〉、〈奈良漬醬〉、〈味噌醬〉主要是將傳統與現代結合，用標準的定量方式，減少大概與隨便的模糊地帶。

　　果醬類章節有〈番茄醬〉、〈酸桔醬〉、〈花生醬〉，除了提供一個簡易可行又是低糖的製作方法外，也提供一個高級的漿果類的果醬熬製法，其實可同時變成濃縮果汁來應用，另外客家桔醬之作法與果醬作法雷同，但有其特殊意義，讀者可互補學習。

　　其他類的有〈納豆〉、〈香蔥醬〉也是一種特殊醬汁。在日常生活中常見又容易取得。

[消毒用酒精製法]

如何利用食用酒精來殺菌或預防污染？

酒精殺滅微生物最有效的濃度是 75 度（75%）。

只要在釀造醋、酒或其他發酵醃漬製品生產過程中，不管是操作人的手部、腳鞋、使用器材的消毒、場地環境的消毒或是釀醋、酒、釀造、釀漬製品時表面有些污染出現的處理，就立刻用 75 度酒精進行消毒。也不必擔心在釀醋時，是否因此會同時將好的醋酸菌殺死。進行表面的噴灑很容易將雜菌殺死，最好連續進行 3 天不間斷的消毒工作。75 度的酒精對表面的醋酸菌只要殘留酒精劑量不太高，反而能成為額外的營養源，因為醋酸菌耐酒精度可達 9 度，所噴灑的酒精一旦溶於醋醪中，會被醋醪稀釋成營養源，故 75 度的酒精是釀醋過程中很好的幫手。

至於如何調製 75 度酒精？

1. 可至藥局買市售 95 度的藥用酒精、台菸酒公司的優質酒精，台糖的精製酒精、或至酒廠買 95 度的食用酒精。

2. 只要抽取出 75 cc的酒精，加蒸餾水或純水 20 cc。混勻調整容量到 95 cc，就是 75 度的酒精共 95cc。

3. 以此類推，調製所需之量即可。

4. 現在已有市售的現成 75 度酒精，買來即可用，但不要買內容物中有添加香精或甘油的 75 度酒精。

5. 注意：千萬不要為了省錢，用蒸餾時去酒頭的高度甲醇來當75 度酒精滅菌。

分量單位使用說明

重量單位的換算：

1 噸 =1000 公斤（kg）

1 公斤（kg）=1000 公克（g）=2.2 磅 =1000cc

1 磅 =454 公克（g）

1 台斤 =0.6 公斤（kg）=600 公克（g）=16 兩 =600cc

1 兩 =37.5 公克（g）

容量單位換算：

1 斗 =7 公斤（kg）=11.5 台斤

1 大匙 =15 公克（g）=3 小匙 =15cc

1 小匙 =1 茶匙 =5 公克（g）=5cc

1 杯 =16 大匙 =240cc

Chapter

1

酒醋類

充滿酒香的甜滋味

　　甜酒釀，對家庭生活而言，是男女老少咸宜的食品。通常一星期之內即可讓家人或朋友享受成果，不須等太久的時間，容易引起學習者的興趣。

　　製作甜酒釀的成本低廉，市售一罐甜酒釀從 65 ～ 85 元不等，自釀的成本 (不含瓶罐及人工費) 約 15 元，而且新鮮、衛生、安全。

　　學釀酒，就要先學會釀甜酒釀。

　　因為甜酒釀，只要利用澱粉類的原料與微生物的作用即可釀造，而且它的生產釀造流程就是發酵成酒的標準過程，也就是説甜酒釀是縮小版的製作流程，釀成酒就是放大的製作流程了。從澱粉類的原料選擇，原料處理、浸泡、蒸煮、糊化、液化、容器選擇、清潔消毒、溫度控制、菌種的選擇、佈菌、下缸方式、發酵控制、PH 值控制、加水降糖度、降溫、酒糟過濾、除渣作業、轉桶熟成、成品滅菌、品質調整、裝罐裝箱、品檢包裝……等，只要釀酒都會碰觸到的實際問題，在釀製甜酒釀的過程中也都會碰觸。

從製作甜酒釀開始，就可以很完整地看到發酵的微生物在整個過程的變化情形，也可瞭解黴菌微生物在穀物類釀造酒中所扮演的角色，有機會還可以看到根黴菌由白色轉變成灰色及黑色的成長過程。

從甜酒釀的發酵過程來觀察及體驗釀酒原理，最直接、最實際、最有效。通常可藉由眼觀與口嘗來應證釀酒原理與釀酒理論，例如第一天佈菌後 24 小時，出汁，糖度即可到達 24 ～ 30 度以上，第二天你可以用眼觀飯粒出汁多寡的情形，再用口嘗來感受糖度或用糖度計來量糖度。

從甜酒釀的發酵情形中，可得知釀酒原料及菌種的選擇重要性，可改變甜酒釀及酒的風味，也可以得知溫度會影響發酵過程與質量。

單從甜酒釀的製作方法就可發展出多種的酒品，如先固態發酵，再加水，十幾天後則可變成小米酒或糯米酒類；若不加水，將發酵時間再拉長，會變成黃酒、紹興酒、花雕酒系列…等。所以用不同的原料、不同的菌種、不同的發酵時間、加糖或不加糖、加酒精或不加酒精，就能釀造成不同的酒，但釀酒的方法及釀酒的原理、發酵管理是不變的。

甜酒釀的營養成分更優於已榨過的酒粕，更具有直接的養生成效。目前政府將它歸屬於食品類而非酒類。所以釀製甜酒釀不犯法，也沒有酒稅的問題。即使要以甜酒釀來營業，也因為屬於食品類，只扣 5% 營業稅，而不是扣酒精度每度 7 元的酒稅，便利又容易多了。

總之，應先學好釀造甜酒釀，再進一步學好釀造酒系列及蒸餾酒系列、再製酒系列，學會甜酒釀等於學會多種釀酒法，吃得安心又健康。

釀製方式 & 製程

圓糯米

↓

浸泡

↓

蒸煮

↓

佈菌

↓

發酵

↓

完成

甜酒釀

好的甜酒釀，應該是飯粒飽滿不爛，
色澤偏白色到微黃，有淡淡的酒香、
微酸及適當的甜度。

食譜

成品份量　共1200g

製作所需時間　夏天3～5天，冬天5～7天

材料　圓糯米1斤（600g）
甜酒麴6公克
（依酒麴品種不同會有變動）

工具　發酵罐（1800 cc）1個
封口布1片
橡皮筋1～2條

做法

1 將圓糯米用水洗乾淨，如果用蒸的，要浸泡2～3小時以上。如果用煮的，圓糯米與水的比例為1：0.7，用電鍋煮時不需浸泡即可煮，通常飯粒會較粘，但最好浸泡20分鐘後再壓電鍋開關，外鍋加1杯水即可。

2 將浸泡好的圓糯米用蒸籠、蒸斗或電鍋蒸熟。煮好後要稍燜15～20分鐘後，再攤開放涼或用電扇吹涼。

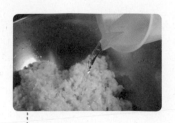

3 飯溫度降至 40℃ 時，在佈菌前要加冷開水（1斤米加150cc水）。

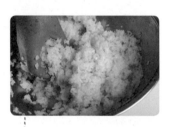

4 打散飯粒，讓飯粒有點濕度，但罐底看不到水分。主要是調整發酵的濕度且較容易將米粒打散，飯粒接菌面積會更多。

5 若是用塊狀酒麴，則須先將塊狀酒麴碾碎磨粉。以方便每粒的米飯均勻接觸到菌粉為原則。將蒸好的圓糯米攤涼打散飯粒後，等到飯冷至溫度30～35℃時、用撒菌罐、手或其他工具平均佈菌，拌至飯粒與麴均勻，可用雙手掌輕輕的將菌種與飯搓揉並打散、混合均勻，粒粒分明。

6 裝罐時記得要在罐口先消毒，然後一手斜托玻璃罐底部，一手將拌好麴的飯粒裝入罐中。

7 糯米「飯」分裝倒入櫻桃罐中。

可用工具白鐵長湯匙打散、打平、攤涼、稍放涼進罐。或熱熱時進罐亦可，熱熱的飯時進玻璃罐，可以順便滅罐中細菌。

8 酒醪的中間挖一個 V 型凹口。

讓佈菌完後酒醪較容易通氣，以利糖化菌生長，產生液化、糖化酵素。也便於觀察酒醪出汁。

9 裝罐時，要注意罐口及周圍附近須收拾乾淨。

不可殘留單粒飯粒不集中，減少單粒米粒被汙染。

10 用酒精消毒棉布。

11 再用棉布封蓋罐口，外用橡皮筋輕套。

若酒醪溫度不夠時可利用布或毛巾包好發酵罐作保溫動作，酒培養一定要有氧氣，因為好氧，所以蓋布不密封罐口。若要密封，可改用塑膠袋替代封口布。擺在溫度較高的地方，注意保溫在 30℃ 左右。發酵溫度太高或太低都不適合根黴菌之生長。．靜置發酵，夏天 3～5 天，冬天 5～7 天，即製成甜酒釀。

甜酒釀

注意事項

★ 佈麴入缸 12 小時後，即可觀察到飯粒表面會出水，這是飯粒澱粉物質被根黴菌糖化及液化所產生的現象，所以此時出汁的含糖甜度很高（糖度約 24 ～ 35 度），可做為半健康人的最佳糖分補給品。

★ 糯米飯太涼才佈菌，則起始溫度低，整體的發酵會較慢幾天；若糯米飯太燙，酒麴會被燙死，有可能發酵不起來。

★ 好的甜酒釀應該是外觀飯粒飽滿、潔白，聞之有淡淡的酒香及嘗之有甜味。

★ 裝飯容器或發酵容器一定要洗乾淨，不能有油或鹽的殘存，否則會失敗。

★ 發酵中表面如果長出白色菌絲，此為酒麴中的根黴菌，不必擔心。直接攪拌到飯中即可，若不管它，它會從表面先長白色菌絲，再變成灰色菌絲，約 3 ～ 4 天後表面會長成黑色的菌絲，這種情形沒有壞掉，但很多人會不敢吃而倒掉。你可即時加入 0.5 倍（300 cc）冷開水，攪拌後放置一星期，再榨汁出來即為好喝的純糯米酒。（但出現綠色、紅色、黃色或橘色菌絲時，有可能是青黴素、黃麴毒素，建議丟掉不吃。）

★ 甜酒釀如果用的原料及酒麴質量好或發酵過程溫度控制恰當，則不會有霉味，而且會夠香夠甜又有適當的酒味。

★ 如果飯粒煮得太乾時，可加冷開水（一台斤米用約 150 cc）一起拌麴，此僅是調整其濕度的水量。甜酒釀基本上是不額外加水去發酵，若為增加賣相讓產品感覺很多，可另加入冷開水，添加量以生米量 0.5 倍為最高量（若將發酵時間拉長再榨汁，則成為喝的糯米酒，1 ～ 3 年後其榨出的汁會變成紹興酒）。

★ 甜酒釀發酵時，溫度太高或太低都不適合根黴菌之生長糖化。保溫在 30 ～ 35℃很重要。

★ 當看到發酵罐中的出汁已淹至飯面或達到九成高，即可判定此罐甜酒釀已可食用。

★ 若條件得宜，靜置糖化發酵 36 小時後，有可能釀製成甜酒釀。若 72 小時後 (封口後 3 天)，額外加水，會繼續發酵變成「酒醪」，若被空氣中的醋酸菌感染則會變成「米醋醪」。如要加冷開水一起發酵，以加入 0.5 倍水為原則。發酵 5 ～ 7 天壓榨出來的酒汁，就是一般外面賣的糯米酒或假小米酒。酒精度約在 9 ～ 11 度。

★ 甜酒釀因為有酒，多少有點甲醇，但我們常忽略它的存在，如果發酵完成過程後有滅菌動作，甲醇會揮發。

★ 製作過程要時時滅菌。用手搓揉原料前，以及使用的器具、容器需用 75 度酒精噴霧消毒。

★ 約 3 ～ 5 天，發酵的酒醪中，其糖分、酒汁會不斷分解產生，即可開封食用 (此時之酒精度約在 3 ～ 7 度間)。甜酒釀以一週內吃完為最佳選擇。如果吃不完，一定要放入冰箱冷藏，減緩發酵速度。

★ 發酵太久出汁會較多，但飯粒會逐漸變微黃，且酒精度會提高，糖度會降低，同時會產生尾酸或出現微苦味。再釀久些則變成米酒、紹興酒或米醋，米飯粒則會變成空殼狀。

食用甜酒釀的好處

■ 調整內分泌系統，改善賀爾蒙的釋放與調節。

■ 調整消化系統，改善胃腸吸收。

■ 增強熱量，改善體質。

如何分辨甜酒釀好壞

■ 好的甜酒釀，應該是飯粒飽滿不爛，色澤偏白色到微黃，有淡淡的酒香、微酸及適當的甜度，所產生的酒精度約在 5 度左右，味道純。主要吃它的風味及營養，不是吃它的酒精。

■ 酒精度、甜度要協調：發酵過頭時，甜度降低，酒精度高；釀製太久時，出汁會較多，但是飯會開始變微黃，而且酒精度會提高，同時會產生尾酸或微苦味。再釀製久些則變成米酒，或不小心變成糯米醋。

甜酒釀的運用方法

　　記得將主料（如湯圓）煮滾後再加入甜酒釀，拌勻隨即關火是最佳的做法。如果不要有酒精，可將甜酒釀放入鍋中再煮 5 分鐘，讓酒精揮發即變成有酒香味而沒有酒精的甜酒釀。

■ 只喝汁或直接與酒醪一起吃。

■ 可用冷開水或冰水稀釋吃。

■ 加熱溫酒吃。

■ 加入水果如鳳梨切丁涼拌吃。

■ 煮小湯圓再拌入甜酒釀做成酒釀湯圓吃。

■ 煮荷包蛋湯或蛋花湯時，拌入甜酒釀，做成春蛋湯或酒釀蛋花湯。

■ 蒸魚用，替代樹子。

■ 用春捲方式做成酒釀生菜沙拉捲。

■ 做成酒粕面膜。

■ 釀成黃酒系列的酒。

米酒（穀類酒的認識）

清澈透明的釀造香氣

　　米酒是台灣最普遍可以喝，又可以做料理使用的酒，也是最容易取得的酒。它的技術門檻也不難，設備的投資成本非常低，使用每個家庭中的鍋碗瓢盆就可以作為釀酒的器材。

　　雖然法令自 93 年起已開放民間可以自由釀酒，但仍有交易與生產酒數量的限制，每戶（門號）包括正在發酵的酒醪（半成品）及酒的成品（不管酒精度的高低）總合計在 100 公升之內，就不罰。也就是在有門牌的家中，每次可擁有 160 台斤可不需被課稅的自釀酒，其酒量已足夠一個家庭或家族所需。

　　以前民間自行釀酒，大都是因為逃避太高的酒稅以及市面販賣的米酒是用酒精加香精稀釋出來的關係，而現在自行釀酒則主要在於追求可隨心所意釀出真材實料的不同酒質的酒，可以安心的享受，不擔心塑化劑與防腐劑或其他不明添加劑，以及與朋友分享時有一份成就感與滿足感。

　　在進入學習釀酒之前，每位讀者請先對酒的領域中，不管是釀酒技術、原理，還有法令、酒的專有名詞有個基本的認識，日後才不會受限於單一品項的釀酒技術而無法突破。

1

米酒

酒類、醋類製造方式與製程

穀類、澱粉類原料釀酒流程	水果類原料釀酒流程
篩選、漂洗、浸泡、蒸煮	篩選、去雜、破碎、去梗
攤涼、放涼	調糖度、活化菌種
加入酒麴（白殼、紅殼）	加入活性水果酵母菌
入缸採好氧發酵（通氣）	入缸採好氧發酵（通氣）
3 天後加水採厭氧發酵	2 ～ 3 天後採厭氧發酵
7 ～ 15 日過濾得釀造酒	15 天後可過濾轉桶

過濾得基酒（醋醪）

蒸餾　　　　　　　調整酒精度至 5 度　　　　　　　熟成發酵 1 個月

蒸餾酒（白酒）　　滅菌（70℃滅菌 30 分鐘）　　　　水果釀造酒

加入醋酸菌種

採好氧發酵

過濾

85℃滅菌 30 分鐘（或先裝瓶再滅菌）

裝瓶

食譜 1

[用熟料釀酒的製法]　（原料須蒸煮熟）

🔲 **成品份量**　40 度米酒 600cc

🕐 **製作所需時間**　約 10 ～ 15 天

👥 **材料**　蓬萊米 1 台斤（600g）
熟料酒麴 3g（使用量為生米量的千分之五，材料可依個人需要調整、依比例放大生產量）

⚙ **做法**

1 將蓬萊米用水洗乾淨，放入電鍋、煮飯加水量約為 1 ～ 1.2 倍，蒸煮。

2 或將浸泡好的蓬萊米用蒸斗蒸煮熟透。米飯要熟、要飽滿鬆 Q 又不結塊為適中。

米酒

3 先將酒麴撒鬆混勻放入佈菌罐。（以方便米飯每粒均勻接觸到菌粉為原則）。將煮好的蓬萊米飯直接放置於乾淨桌上攤平放涼，等到米飯降冷至溫度35℃時，利用已裝好酒麴的佈菌罐撒菌平均佈菌於米飯上。

5 最後將飯中間扒出一凹洞成V字型，以方便每日觀察米飯出汁狀況及加水用。

6 用酒精消毒封口布。

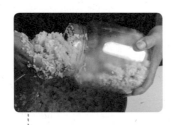

4 將佈好酒麴的飯放入DIY所用的發酵罐混勻鋪平（表面刮平但不要壓實）。

7 再用鍋蓋或另用透氣棉布（棉布越密越好）蓋罐口，外用橡皮材質繩套緊，以防外物昆蟲、蟑螂爬過或侵入，注意要保溫在25～35℃左右。

8 約 72 小時後需加第一次水，加水總量為生米重量的 1.5 倍，即 900 cc 的水，可一次全加入或分 3 次加入。第一次只加水 300 cc 不要去攪動酒醪以免破壞菌象。隔 8 小時後再加第二次水 300 cc，再隔 8 小時再加第三次水 300 cc，此時可攪動酒醪混勻。

9 發酵期夏天約為 7～9 天，冬天約需 9～15 天。冬天發酵時間需長些因為溫度較低，夏天溫度高，發酵時間較短，但溫度太高容易變酸（完成時酒醪的酒精度約 11～15 度）。

🍲 **注意事項**

★ 撒酒麴混勻入發酵罐 24 小時後，即可觀察到飯表面及周圍會出水，此是澱粉物質被根黴菌糖化及液化現象，至發酵 72 小時已完成大部分的糖化。故此時出水之含糖分甜度很高。（糖度約達 30～35 度）

★ 加水一起發酵，以用乾淨之水為原則。目的除稀釋酒醪糖度以利酒用微生物利用外，另有降溫作用及避免蒸餾時燒焦作用。加水總量以原料米量的 1.5 倍為原則，加少在蒸餾時可能容易燒焦；加多則在蒸餾時容易浪費能源。

★ 好的酒醪應該有淡淡的酒香及甜度。（酒醪可蒸餾時的糖度約剩下在 3～5 度左右）

★ 裝飯容器及發酵容器一定要洗乾淨，不能有油的殘存。否則會失敗。

★ 酒麴的選用如果選得對、用得恰當及適量，則沒有霉味產生，而且發酵快出酒率高。

★ 發酵溫度太高或太低都不適合酒麴生長。溫度高容易產酸，故夏天適合釀醋，不適合釀酒；冬天則適合釀酒，不適合釀醋。發酵期溫度管理很重要。

★ 發酵完成後，即可利用 DIY 天鍋套入發酵用的不鏽鋼鍋作蒸餾處理。同時要接上冷卻用的進水管與排水管以促使出酒溫度儘可能降低至 30 度以下，3.5 公斤米與水發酵成的酒醪大約需 1 小時多的蒸餾時間。正確的蒸餾時間是依各設備及瓦斯爐而定。蒸餾用火的原則是用大火加熱酒醪，中、小火蒸餾。記得要去甲醇（酒精的沸點是 78.4℃，甲醇沸點約 64℃）去甲醇量原則去原料量的 1～2% 量。即一台斤米去 12cc。

★ 可否蒸餾的目視判斷法：當酒醪成液體與固體分離狀且液體已澄清時，不管上、下面是否仍有酒醪浮上或沉下。皆可以蒸餾。

★ 傳統酒要蒸餾至少要發酵 1 個月以上，所以酒不必急著蒸餾，發酵時間短雖有酒精，會缺乏酒的香氣與風味，放久些或許酒精度會降一點，但香氣會提升不少。

米酒

食譜 2

[用生料釀酒的製法]　（原料不須蒸煮，直接用生米原料）

⚖ **成品份量**　40 度酒 600cc

⏱ **製作所需時間**　約 15 ～ 30 天

🧺 **材料**　蓬萊米 1 台斤
（用高粱、米、碎米皆可，原料顆粒太粗時。則要先加工粉碎再用）
生料專用酒麴 5g
（使用量為原料米的千分之七）
水 3 台斤（發酵用水總量為原料米的 3 倍為原則，水量的多寡依當時溫度而定）
發酵用桶或罐
（大小要能容納 3 倍水及原料，但不要超過容器桶身的八分滿為原則）

⚙ **做法**

1 洗淨並消毒發酵桶或罐（最多裝八分滿），移置發酵室中。秤取 1 台斤蓬萊米（也可用碎米），用清水沖洗一下，但不可長時間沖淋，以避免澱粉質流失。

2 生米沖洗完畢，直接將生米全部倒入已活化的發酵液（900cc 水 +5g 酒麴）桶中。

3 或直接加入 5g 的生料酒麴（生料酒麴的使用量為原料的千分之七）。

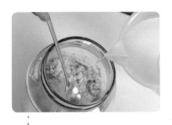

4 依生米重量按比例，加入 3 台斤的清水（加清水量為生料原料的 3 倍，如果浸泡生米過久或生米吸水過多時，則可酌量減少加水量）。

5 加完酒麴與水後應充分攪拌均勻，使發酵液無夾心或團塊出現。活化靜置 1 ～ 2 小時左右。

6 讓米與活化後的發酵液充分攪勻。然後用繩子或橡皮筋將封口布封口，先採好氧發酵。

7 再用乾淨、無毒、無味的塑膠布封桶口，以防雜物侵入及全程採用密閉發酵。

8 下缸發酵的發酵溫度應保溫在 28 ～ 35℃ 的範圍。（配料時的用水，可用加溫水或冷卻水來調控溫度，但所加的總水量不變）。發酵約 15 天左右即得生料米酒半成品。

9 將發酵好的生料米酒，放入家庭天鍋中蒸餾。

10 蒸餾時測出酒的酒精度。

11 蒸餾冷卻後從蛇管流出清澈的酒液。

🍲 發酵管理

★ 生料發酵室溫度的控制保持在 28 ～ 35℃ 範圍。

★ 投料後連續 7 天，每天徹底攪拌一次，攪拌同時觀察發酵中的米粒是否已經一捏就碎，發酵醪液的米粒及氣泡會逐漸由強減弱，翻動變緩至停止。

★ 當發酵酒醪液無氣泡產生，糟液分離由渾濁變清呈淡黃色。

★ 若液面無浮動的米粒及酒糟輕輕捏後會粉碎狀且有疏鬆感。酒香突出，醪液也清澈，且發酵時間已超過 10 天以上，為發酵結束即可出料蒸餾酒醪。

★ 在台灣一般情形下，從投料到發酵結束約為 15 天時間左右。

★ 生料發酵蒸餾出來之酒，最好要再用酒用活性炭過濾，以求得最佳酒質。

★ 至於有些台灣民間釀酒者，用加特砂糖來增加出酒量或增加風味之做法，請務必先將外加糖度與原有的糖度其總和大都設定在 20 ～ 25 度，將特砂糖依糖度比例加水，充分攪勻攪散成完全糖水，依生料發酵情況，最好在第 4 或第 5 天時加入，同時要與發酵醪攪勻，再密閉桶口發酵。

酒的定義

　　所謂的酒，在我國的定義是指以容量計算含酒精成分超過0.5%的飲料，以及其他可供製造或調製上項飲料之未變性酒精及其他製品。

　　所以目前只要飲料內酒精度含量超過 0.5% 就是屬於課酒稅的範圍，包括飲料店現調的海尼根啤酒綠茶都適用。只有傳統的甜酒釀不課任何酒稅，雖然內容物有酒精，但是政府特別允許歸屬於食品的範圍，但是如果榨汁出來，這汁就是釀造酒的糯米酒，就要課酒稅，釀造酒每公升 1 度酒精課稅 7 元，若糯米酒酒度 11 度，那就要課 77 元的酒稅。另外味醂（米霖）也一樣，若用在料理做調味品用，不課酒稅，如果榨汁當日本甜酒來使用，就可能會被課酒稅，如果只是自己在家飲用，自然不存在課酒稅的問題。

酒的產生

　　一般而言，酒的產生是穀物或水果利用微生物發酵的作用而釀造出來的。其釀製過程，是釀酒原料先利用麴類的微生物（如根霉菌、紅麴菌）產生出澱粉分解酵素，將原料中的澱粉水解成糖（此過程為糖化作用），然後再利用微生物中的酵母菌產生的酒化酵素把糖轉變成酒精（此過程即為酒精發酵）。

　　如果以現代微生物學觀點來看，利用麴類進行穀物類或澱粉類的釀酒，實際上是一個先後利用兩類微生物群落的生化反應，來進行酒精發酵的獨特釀酒工藝。所以酒類的生產釀製，從微生物培養到原料糊化、糖化發酵至釀出酒的全部過程，都與生物化學反應相關。

酒類發酵的微生物種類

參與酒類生產的微生物，一般歸納有：霉菌、酵母菌、細菌三大類：

1. 酒用霉菌：在西方國家認為霉菌是酒類污染菌，會帶來不良氣味，但在東方，尤其是中國的酒類，黴菌除了是最重要的糖化菌外，也是一種極重要的風味來源。主要霉菌都是指根霉菌 (RHIZOPUS)、米麴菌 (ASPERGILLUS) 和紅麴菌 (MONASCUS) 做為糖化菌，會分別帶來很不同的風味成分。根霉菌在生產繁殖過程中，分泌出大量澱粉糖化酵素，能將澱粉糖化，民間釀造甜酒 (甜酒釀) 即以此為主要微生物。

2. 酵母菌：自古以來，酵母就是發酵產業的重要微生物，酵母菌屬好氧兼厭氧性的微生物，在製酒釀造過程中，其空氣的調節及溫度的控制，足以影響出酒率及勞動效率。酵母菌是酒類風味的絕對必要因素，酒的主體香氣成分絕大部分是靠酵母菌在發酵過程中所產生的，這些香氣成分的種類千餘種。酵母菌在不同的環境下會產生不同的香氣成分，主要是各種的醇、酸和酯類。胺基酸與用胜肽則是主要的甘味成分。

3. 細菌：在釀酒過程中，一般所謂「雜菌污染」就是細菌的污染，而且危害極大，主要的細菌是乳酸菌和醋酸菌。但適量的乳酸菌在酒醪中生長，有抑制腐敗菌生長的功能，而且可以使酒質較豐厚複雜或使葡萄酒的酸度降低。乳酸菌在發酵時會產生乳酸及乳酸乙酯，會影響出酒率及酒質。酒中乳酸含量太大，會使酒有餿味、酸味和澀味，乳酸乙酯過量會使酒有青草味。而醋酸菌，它的產酸能力很強，特別對酵母菌殺傷力很大，會將部分糖轉化成酸，所以醋酸菌超量，將會使酒呈現刺激性酸味，最主要會嚴重阻礙發酵的正常進行，引起酒質變壞。

酒精度的分類法

1. 酒精：學名乙醇、俗名酒， 一般是用含澱粉或含糖的物質為原料，經發酵法製得。

$C_{12}H_{22}O_{11}$（蔗糖）＋ H_2O 糖化 →

$C_6H_{12}O_6$（葡萄糖）＋ $C_6H_{12}O_6$（果糖）＋ 18.8KJ（熱能）

$C_6H_{12}O_6$ 酒化（葡萄糖）→

$2C_2H_5OH$（酒精）＋ $2CO_2$（二氧化碳）＋ 93.3KJ（熱能）

2. 酒精度：是指於溫度在攝氏 20℃ 時，每 100ml 酒液中所含純酒精的毫升數。例如：高梁酒是 53 度，就是說在攝氏溫度 20℃ 時 100ml 酒液含純酒精 53ml（即 53%）。可飲用的酒通常不超過 65 度，最高有 67 度，過高就不適於飲用，很容易傷喉嚨。

3. 色酒：是指有顏色的酒，酒液帶紅、黃、綠等顏色的酒。白酒的酒液無色，一般都是經過蒸餾，酒度較高，辛辣刺激味較重，像金門高粱酒、茅台酒、五糧液酒。

4. 高度酒：指酒精度在 40 度以上；中度酒：酒精度在 20 ～ 40 度；低度酒：指酒精度 20 度以下。而酒的甜不甜，主要決定於酒液中含糖分的多少。

米酒

釀酒的必要條件

- 原料：俗話説：「糧是酒之肉」，可見釀酒原料與酒質的關係。事實上，不同的原料釀出的酒固然不一樣，使是同一種原料，由於品種、質量不同，酒質和出酒率也自然有差異。

- 酒麴的製作：古代認為季節氣候對釀酒很重要，因為季節氣候不同，自然界分布的微生物群的種類和數量都有差異，因而影響釀酒的品質。現代則認為控溫很重要，釀酒溫度的控制若處理得宜，整年都可以釀出好酒。

- 操作要潔淨：避免雜菌感染。環境的選擇、器材的熟悉度與安全使用很重要。

- 水：釀酒利用的菌種，例如：根黴菌、紅麴菌、酵母菌，都是很敏感的微生物，水裡稍有雜質，就會影響他們的活動。俗話説「水是酒的血」，所以歷年來釀酒者都很重視釀酒用的水質，要求無臭、清爽、微甜、適口。從化學成分上説，呈微酸性，有利於糖化和發酵；總硬度適宜，能促進酵母菌的生長繁殖；有機物和重金屬等均以含少量者為好。含微量礦物質，有利於釀酒微生物的生長。

- 器具：器具要精良，如不精良，很可能是酒中鉛的來源。

- 溫控：也就是溫度要適宜，我們知道黴菌、酵母菌活動最適當的溫度是攝氏 30℃ 左右，溫度過高或過低，都不利於黴菌、酵母菌活動，甚至在蒸餾的火候控制也一樣重要。

酒的分類

全球酒的品種繁多，各國分類方法也有不同，一般常用的分類方法有：

■ **依製造方法分類**：可分釀造酒、蒸餾酒、再製酒三大類。

釀造酒：

以含有糖或澱粉的原料，經過糖化、發酵、過濾、殺菌後製得的酒，或是原料發酵完畢，用壓榨的方法將汁、渣分開，這樣的酒稱為釀造酒 (即發酵原酒，也叫壓榨酒)，屬酒精含量較低的酒，如紹興酒、黃酒、啤酒、清酒、葡萄酒、水果酒。

蒸餾酒：

以含有糖或澱粉的原料，經糖化、發酵、經蒸餾製得的酒，或是用蒸餾方法取得的酒液，叫蒸餾酒，也就是將釀造酒加以蒸餾而得到，為酒精含量較高的酒，如高梁酒、威士忌、白蘭地、伏特加、蘭姆酒、日本燒酌、中國白酒。

再製酒（調和酒）：

以釀造酒或蒸餾酒（或精製食用酒精）為基酒，調配藥材或花果類等香辛物質，經過調味配製而製成的酒，或是一般是用蒸餾酒或食用酒精配以天然植物、香料、藥物等等製成的酒都算是。再製酒大都為中低度酒，其酒精介於 20 ～ 40 度，如滋補酒、藥酒。

■ **依酒精含量（容量百分比 %）可分成三類：**

低度酒：酒精含量在 20% 以下的酒類。
中度酒：酒精含量在 20 ～ 40% 之間的酒類。
高度酒：酒精含量在 40% 以上的酒類。

米酒

米酒屬於米糧釀製酒，其生產過程的生物化學反應是：澱粉經生化反應轉變成葡萄糖，再由葡萄糖轉變生成乙醇，同時放出二氧化碳，並產生熱能。

而料理米酒，在台灣的菸酒管理法規中，是指以米類為原料，經糖化、發酵、蒸餾、調和或不調和食用酒精而製成之酒，其成品酒之酒精成分以容量計算不得超過百分之二十，且包裝標示專供烹調用酒之字樣者。另一種是指有添加 0.5% 以上鹽的酒。

釀酒原料與水、酒麴的選擇，會影響酒類的基本品質

原料

原料是釀酒的最基本條件，可決定酒類風味的本質。釀造用的水是釀酒血脈，是所有酒類的唯一共同原料。兩者缺一不可。作為糧酒釀造用的原料很廣泛，常常因地區而採用不同原料。大致上可分三大類別：

1. 澱粉質原料：此為主原料，如高粱、玉米、紅薯、米、麩皮。
2. 含糖質原料：屬補充原料，如糖蜜、甜菜、糖渣。
3. 纖維原料：此類原料需先經化學處理，使纖維質轉化成糖質後才能在釀酒中得到應用。但費用大，產糖少，不是理想原料。如稻草、木屑、棉仔殼。

另外香辛原料也造成一定的影響，如啤酒花的特殊芳香與苦味也是造成啤酒風味的極重要成分，杜松子也是造成琴酒風味的要素。

水

俗語說：好酒必有佳泉，水是酒的血。從廣義上來講，水是酒生產必不可缺少的重要原料。所有釀造酒中，水分含量高達 80% 以上，（一杯啤酒中

含有 95% 的水分），可見水在酒中的重要性。水在酒中的用途可分三類：

1. 工藝用水（生產過程的用水）。
2. 冷凝用水（蒸餾過程用水）。
3. 加漿勾調用水（調酒精濃度用水）。

　　對水的不同成份皆有嚴格要求。其各項要求大致有：固形物、微生物、有害氣體、鹽類、水的硬度等種類的要求與處理。尤其水的硬度是衡量水質好壞的重要化學指標。例如清爽型的啤酒需使用軟性水製造，而濃厚型的啤酒則可使用較高硬度的水質。主要原因乃是水除了直接影響酵母的生長與酵素的反應外，水中的礦物質也會改變風味成分的呈現效果。一般而言，蒸餾酒由於需經過蒸餾的加工手續，因此釀造用的水可較寬鬆些，但調和用的水則要求很嚴。

酒麴

　　把霉菌繁殖在澱粉物質或其與稻殼混合物上，使其具備糖化澱粉功能之物稱為酒麴，培養原料為液狀者亦包含在內。酒麴至少有下列的功用：

1. 提供酵母菌增殖所需的營養素。
2. 促使穀物類、澱粉類原料糖化分解。
3. 直接或間接影響酒質。為讓讀者更有概念，筆者進一步介紹酒麴（酒母）的製作及原理供參考。

　　酒母又稱酒麴、酒藥、白藥、酒餅，台灣常通稱白殼、紅殼（閩南語音）。酒麴為釀酒之動力，中國釀酒業者曾說（麴者，酒之骨），而日本也有（一麴，二酒母，三製醪）的說法。酒藥的質量優劣、用量多少以及如何使用，對酒質、出酒率影響極大。利用酒母中的微生物，產生澱粉酵素將釀酒原料中的澱粉轉化成糖，再利用酒化酵素把糖轉變成酒精。故酒母中至少含有可將澱粉物質糖化及將糖酒化之兩類微生物。

傳統酒麴的製作是利用米粉（白殼）為原料，添加少量中草藥（有促進釀酒微生物繁殖生長及增加酒香味的作用），接入菌種，人工控制培養溫度，做成顆粒狀晾乾以方便保存。其所含微生物種類主要是根霉菌、紅麴菌、酵母菌。而根霉菌、紅麴菌的糖化力很強，並具有邊糖化邊發酵的特性。酵母菌則可將糖酒化變成酒的作用。現代的酒母製作是將根霉麴和酵母菌，分別以麥麩為載體（培養基）進行培養繁殖，乾燥後按比例混合配製而成，達到糖化力及酒化力都很強，具有邊糖化邊發酵之特性。製麴菌種之選擇非常重要，並非所有的根霉菌、紅麴菌或酵母菌都可以用來製酒。可以用來製酒的根霉菌、紅麴菌或酵母菌也會因為糖化力或酒化力之不同，而產生在酒的過程管理、酒的風味、原料出酒率、澱粉利用率、酒的質量上而不同，也造成各地、各酒廠擁有不同的酒特色。故釀酒關鍵點在酒麴，目前在台灣一般都用白殼的酒麴，白色圓球型，如大元宵之大小，每粒重約 20 ～ 30 公克，價格在 15 ～ 20 元左右，其工藝大都自稱來自祖傳祕方，使用時需敲碎或粉碎，比較注重酒精濃度及風味的訴求，很少提得出糖化或酒化能力的數據資料，所以選擇時一定要慎重，釀酒成功與否以此最關鍵。冬天溫度較低，用麴量會多些，發酵時間要延長。

穀類或澱粉類酒的品質瑕疵處理

釀酒過程中，常可能會出現下列各種狀況，讀者可依解決方法去處理。

■ 酒醪太甜

可能原因：

1. 糖量添加太多。（台灣少數釀酒者釀造米酒時，有額外加糖的動作）
2. 酵母菌發酵能力太差，造成酒醪含殘糖量太高。

3. 酵母營養不足。

4. 酒麴的糖化菌種與酒化菌種添加比例不協調。

解決方法：

1. 降低糖添加量。（其實在釀製米酒，根本不需加糖）或改以分批添加糖量（一次全部添加時造成糖濃度太高，可能會抑制酵母菌發酵能力）。

2. 改加新酵母菌再發酵：可先取出部份進行試驗，再逐步加至主發酵桶，如果含糖度過高時可用清淨水做適當稀釋，但應盡量減少影響品質。最好每批都先作菌種活化。

3 如果發酵中酒精濃度夠，雖發酵天數未到也可以直接就蒸餾。

4 若是酵母營養不足，可取出部份發酵液添加酵母營養成分進行先測試，等確定後重新添加營養成分及活化酵母。

5. 最好找到適合米類發酵的酒用菌種。

■ 酒醪不發酵或延滯發酵

可能原因：

1. 缺少營養源。

2. 含糖度太高。

3. 含酒精太高，抑制酒用酵母菌生長及活性。

4. 發酵時溫差過大。

解決方法：

1. 酵母營養不足：可取出部份發酵液添加酵母營養成分進行先測試，等確定後重新添加營養成分及活化酵母。

2. 含糖度人高：用加水方式降低糖度或改以分批加水稀釋糖度（如果一次全部添加水量時，會造成發酵缸糖濃度太低，可能會減緩酵母菌發酵能力）。

3. 注意發酵過程的保溫工作。

米酒

■ 酒醪產生醋酸

可能原因：

發酵缸或封口布或發酵環境醋酸菌污染。

解決方法：

1. 程度輕尚可改善者：添加二氧化硫，並減少與空氣接觸之表面積（加蓋）。
2. 嚴重者無法挽救：丟棄或改變作為醋酸產品。
3. 廠房器具徹底殺菌，消滅污染源。

■ 酒醪表面產膜

可能原因：

1. 產膜酵母污染。
2. 黴菌污染。

解決方法：

1. 程度輕尚可改善者：添加二氧化硫，並減少與空氣接觸之表面積〔加蓋〕。
2. 嚴重者無法挽救：丟棄或改變作為醋酸產品。
3. 廠房器具徹底殺菌，消滅污染源。

■ 酒醪氣味不佳

1. 醋味：醋酸菌污染。程度輕尚可改善者，添加二氧化硫或改採密閉發酵，表面積（加蓋）減少與空氣接觸。嚴重無法挽救者，丟棄或改變作為醋酸產品，廠房及器具徹底殺菌，消滅污染源。如果查出只是部分裝瓶的酒有問題，則可能是酒瓶有污染，對酒瓶應徹底殺菌。
2. 酵母味：可能是酵母菌自我分解所造成，也可能酵母菌體浸漬太久或酵母不適合做酒。解決方法是盡量將沉澱物去除或更換酵母菌。

3. 霉味：可能是發酵桶或蓋口或容器受黴菌污染所造成，或酒麴本身帶來的霉味。解決方法是蓋口或發酵桶、容器要充分殺菌，可以用偏亞硫酸鉀溶液浸漬殺菌，或改用不產霉味的 酒麴。

4. 塑膠味：可能是使用非食品級耐酸鹼的塑膠容器所造成。解決方法為改用合格容器及用耐高溫的矽膠管接酒。

5. 雜味：可能在發酵室內有放置較強烈的物品或裝瓶未洗淨所致，解決方法為將發酵室遠離此類物品（如油漆、汽油）及裝瓶時要注意清洗工作，最好改用新瓶裝米酒，舊瓶改裝藥酒用。

■ 產生混濁現象：

1. 澱粉性混濁：原因為原料中的澱粉含量高，加熱抽出時易造成澱粉性混濁。可取部分酒液進行點呈色試驗予以證實，解決方法為可添加澱粉酵素予以分解，或添加膨潤土、明膠等澄清處理後過濾。

2. 乳酸菌混濁：如果為蘋果酸之乳酸發酵所造成，可在發酵後加二氧化硫，約十天後過濾去除沉澱菌體。（發生在水果酒的機會較多）

3. 呈色性混濁：可能由銅、鐵離子所造成，加少數檸檬酸可是使其溶解。根本解決方式為避免使用此等金屬器具。

4. 蒸餾時用火過猛：產生水酒氣無法分離，溫度變化過大，也會產生混濁現象。解決方法為大火用於煮熟酒醪，用中小火做蒸餾。

5. 斷酒尾過慢：每種蒸餾設備不同，斷酒尾的酒精度判斷也不同，太慢斷酒尾就會產生出酒混濁，解決方法為出酒後做測試，在 40 度或 35 度酒精度時即更換裝酒容器，一般設備蒸餾出酒在 30～40 度酒精度時，出酒會開始變濁。

■ 產生出酒尾酸：

1. 出酒後試喝會有酒中帶尾酸，有可能發酵溫度過高。

2 或發酵時間過長。

米酒

3. 也有可能發酵期間管理不善，被醋酸菌輕微污染。

解決方法：
1. 為注意發酵溫度，發酵時間。（若連續24小時測試酒醪中殘糖量都一樣時，即可蒸餾，若繼續等待則變酸機會會增多）
2. 發酵室的清潔衛生及發酵容器的清潔要徹底。

■ 酒醪表面長菌絲：

1. 如果酒麴佈菌後，在加水之前2、3天的固態發酵狀態時所產生，其菌絲的顏色應為白色、灰色或黑色，有此現象沒關係，只要按時加水攪拌即會解決。
2. 如果產生的菌絲為青綠色可能是青黴菌污染，要丟棄不用。

酒的蒸餾介紹

不管是穀類酒、水果酒，開始釀成酒時，一定是先以釀造酒的情況出現，酒精度都會普遍偏低，酒精度不超過17度，而且酒質不夠清澈，雜質較多，故須再利用調和技術或蒸餾設備來提高酒精度與清淨度。所以蒸餾酒一般稱為白酒，就是指它酒質透明清淨無色的現象。

■ 蒸餾操作理論

蒸餾原理既然是依物質中氣、液兩相平衡的關係而進行，當揮發性物質達到沸點時，氣相中的濃度比液相中還高，這些揮發性物質在冷凝器遇冷就凝結成液體，如此不斷的進行加溫、冷卻的物質交換，使酒液中處於臨界溫度之成分逐漸被蒸餾出來，而達到純化酒液提高酒精濃度的目的。

所以蒸餾操作理論則是蒸餾酒藉著加熱將酒中的各種複雜的物質，透過不同的沸點，使得低沸點的成分較高沸點的成分容易被蒸餾出來，達到分離或提煉的目的。（在常壓條件下，水的沸點為 100℃，無水酒精的沸點為 78.3℃，甲醇的沸點為 64℃）

■ 蒸餾作業流程

　　在台灣一般蒸餾只採用一次蒸餾，在國外則一般蒸餾則採用兩次蒸餾。第一次蒸餾稱初蒸，第二次稱為複蒸（或重蒸）。第一次蒸餾所蒸餾出來的酒液原則分三段收集（以酒精度來區分）。去除甲醇雜醇含量後，最先蒸餾出的高酒精度酒液稱為酒頭（第一段），酒精濃度約為 60%（v/v），其次蒸餾出來的部分稱為酒心（第二段），最後蒸餾出來的蒸餾液，酒精度在 5%（v/v）以下稱為酒尾（第三段）。第一次蒸餾之目的是收集酒心，主要供第二次蒸餾用。酒頭及酒尾兩部分可合併留下供下一槽蒸餾時混合再蒸餾或勾兌用。

　　第二次蒸餾通常蒸餾出的酒液分四段收集，最先蒸餾出的稱為酒頭（第一段），酒精度可達 80%（v/v）通常酒頭之收集量約為蒸餾酒醪之 1%。第二段及第三段蒸餾出來的叫酒心，第二段酒心之酒精度約可到達 70%（v/v），第三段酒心之酒精度約可達 30%（v/v），在國外通常將此段與下一槽合併再蒸餾。其酒心之酒精度之取捨以 60%（v/v）做指標。最後蒸餾出的叫酒尾（第四段）。酒頭及酒尾兩部分可合併留下供下一槽蒸餾時混合再蒸餾之用。在國外的白蘭地蒸餾例子中，通常採二次蒸餾，當進行第一次蒸餾時，是將酒精度 10%（v/v）的葡萄酒液進行蒸餾，蒸餾後的酒精度約為 28%（v/v），第二次蒸餾時則將酒精度 28%（v/v）的酒液再蒸餾濃縮成酒精度 70%（v/v）的白蘭地。

米酒

■ 蒸餾技巧

在蒸餾流酒過程中，嚴格控制蒸氣量，採取「大火加熱，小火蒸餾」以及「前緩後急」用慢火蒸餾。如果一直用大氣蒸餾不但出酒率低，並且嚴重影響產品品質，這是多年來實踐中總結出來的經驗。

慢火與快火蒸餾，蒸餾出誤差也很大，一般而言，慢火蒸餾的香味，己酸乙酯高於快火蒸餾；而快火由於乳酸乙酯的水溶性流出量大而影響品質。大火大氣致使蒸餾器內壓力、溫度增高，流酒過快，香味成分不能溶出。而不該蒸入酒內的雜質卻被蒸入酒內，造成糠味、酸味、雜味增加，並容易引起混濁。火的加熱大小會直接影響蒸氣量，以下就是蒸餾時控制火侯大小的要領：「前緩後急」則會產生粕少、味濃、色多。「前緩後緩」則出酒少、味甜、色濃、收率低。「前急後緩」則酒純淡、少酸。「前急後急」則味淡、辛辣、酒粕多。

在台灣民間的蒸餾最常用使用快速瓦斯爐以瓦斯直接加熱，比較有規模的則是使用蒸氣設備做隔水加熱，較少用的是使用電力來加熱或是使用熱媒油加熱。不管那種方式都要遵守「大火加熱，小火蒸餾」以及「前緩後急」的要領才不至失敗。

蒸餾器的冷卻設備的進冷水是從下方進入，從上方排出，這是因為如此一來冷凝管容器中一定會充滿了水，而且還可以調節進水流量大小。排水口要在上方因為倒過來時會讓冷凝管中的冷卻水的冷卻效果變差，因為水受熱膨脹會向上對流，而這時候水的出口如果在下面的話，就會使比較熱的水停留在冷凝管的上方，而冷水就直接流出出口了，故出水口在上方正好可將最熱的氣體急速冷卻，而因冷卻變成的溫熱水正好可在第一時間隨出水口而排出，如此一來，因酒醪加熱轉變成蒸氣的酒精又因冷卻而成酒，隨著冷卻管的流下而越冷，完全變成酒液。

■ 台灣民間蒸餾實務

以 5 斗直管式蒸餾設備使用方法為例：

1. 5 斗蒸餾機組最佳一次蒸餾量為 50 台斤米量（最高量可到 60 台斤，可是台灣米的大包裝是一包 50 台斤裝）。空蒸餾鍋內全滿量約 170 公升，鍋內可蒸餾量以 8 分滿計算，最多可蒸餾 136 公升容量。其計算判斷是 50 台斤米等於 30 公斤，煮飯用水量為 1：1，即煮好飯後為 60 公斤，再加水正常為 1.5 倍，水量為 45 公斤，合計 105 公斤。一次可蒸餾量在其郭容量安全範圍內。

2. 通常 50 台斤米，發酵加水 1.5 倍為 75 台斤，其一次蒸餾時間約 4 ～ 6 小時。

3. 一次蒸餾的出酒量約 50 台斤（收酒時酒精度從 70 度多～ 10 度停收酒，綜合酒精度 38 ～ 42 度，收回酒約 50 台斤）

操作方法：

1. 新鍋時先用沙拉脫洗乾淨，然後先用冷水蒸餾，可將不鏽鋼味蒸餾去除。

2. 將進水口水管直接到水龍頭或利用沉水馬達幫浦沉於冷水中，水管接進水口，另一水管接出水口回流於水桶中，其作用為冷凝或冷卻用水。必要時可直接接水管於水龍頭出水口使用，或加冰塊於冷水回收桶降溫。

3. 注意瓦斯的大小火，用火原則是大火煮滾，小火蒸餾。火後控制看鍋頂的溫度計以 75℃ ～ 80℃ 為最佳或憑經驗看出酒口的流量調整溫度火候大小。（酒精的沸點是 78.4℃，水的沸點是 100℃）

4. 若使用的是雙層蒸餾機，使用時要特別注意外鍋每次要補充加水，內鍋的蒸氣出口注意要清洗，千萬不要被堵塞，如此可節省能源加速出酒速度，又不易粘鍋。

5. 拆卸鍋蓋及冷凝器時，要特別注意蒸餾後管路溫度避免被燙傷，最好再自製吊具固定，以升降或左右移動方式控制鍋蓋及冷凝器。可方便操作及避免燙傷安全。

米酒

6. 若用雙層蒸餾機蒸餾完成時，務必先將蒸餾洩氣閥打開，將夾層鍋內多餘的蒸氣先排出，如此可避免夾層鍋內的壓力太大而造成雙層鍋變形。

釀穀類酒的生產流程

1. 蒸煮：在生產酒的過程中，蒸煮原料的工藝相當重要關口，主要是使原料澱粉粒碎裂，以利於酵素的接觸，為培養微生物準備適宜的水份條件和營養供給。在台灣一般以米清洗浸泡後米粒膨漲，瀝乾再蒸煮，蒸煮後要米粒熟透心，外型完整不糊化，水份含量適中為好。如果讀者不清楚此標準之說法，可親至各超市賣場中有賣玻璃罐裝甜酒釀的產品，觀摩其米粒外觀即知曉，要觀察找出製造日期未超過 15 天的較標準。否則您看到的可能米粒會是空有其表，其米粒已被發酵掏空，會逐漸成糊爛狀。

2. 培菌：是使根黴菌、酵母菌在規定的時間及溫度範圍內，在蒸熟米糧上生長發育正常，雜菌少，以提供澱粉變糖，糖變酒的必要酵素量，達到有益菌長得好，菌量多少適中。一般種菌的溫度控制在蒸煮後攤涼，米飯溫度降至 34~45℃ 皆可種菌。種菌、培菌之場所、環境衛生、設備殺菌清潔非常重要，主要在減少雜菌污染。

3. 發酵：發酵是產生酒類風味成分的最重要過程。要使糖都轉化成酒，少生酸及降低損失，是發酵階段必需解決的主要問題。溫度的控制及減少雜菌污染是這階段的重點。釀酒初期務必要作好溫度控制，以幫助益菌快速生長。

Chapter 1

一般而言，低溫緩慢發酵較有利生成優雅的清香，而高溫快速發酵會容易產酸味。

4. 蒸餾：液體在一定壓力下達到一定溫度，當液體達到其沸點時即變成氣體蒸發而上升，蒸發物質被冷卻成液體回收，即為蒸餾。蒸餾的作用：有分離濃縮作用；殺菌作用；加熱作用。蒸餾工藝關係到出酒率高低，產品品質優劣的最後結果。俗語說「提香靠蒸餾」。故對香氣的濃縮具有關鍵性的影響。加熱的方式及速度會影響熱解所產生的風味物質。

5. 勾兌調漿：每批酒發酵蒸餾後其酒精濃度不一定相同，或考量其風味，故必須加以調整酒精濃度或修飾風味的一種手段。一般以不同批酒互相混合後能達到基本的均勻品質。調漿則是確保每批產品均具有突出的典型風味。

6. 熟陳：除了啤酒及著重果香的水果酒外，大部分的釀造酒與蒸餾酒都需經過熟陳的過程。尤其是名貴的酒大都需經長時間的熟陳，在熟陳的過程中物理作用及化學作用同時進行。在合理的時間範圍內貯存，有三個重要作用：一為排除邪雜味，如沸點低的硫化物氣味。二為增加水與乙醇分子的締合作用，使酒的口味綿軟。三為產生一定的酯化反應，增加一些香味成分，同時還可以減少雜醇在酒中的含量，減少辛辣味。熟陳有其限度，同時也只有優質的酒才值得進行熟陳。並不是越存越好，過份延長時間會使酒精分子發揮太大，香氣也損失大、造成酒味淡薄。故以存放不低於三個月為好。正常的貯酒溫度在 15 ～ 25℃為最佳。

7. 裝瓶：裝瓶影響酒質主要是否使用不透光的褐色、綠色或其他有色瓶，以避免光線照射使酒質改變。另一重點則是瓶頸的空氣容量。氧氣含量越多可能使酒質變劣。

8. 運送：運送儲放過程除了要防止高溫與光線照射外，也要避免激烈震盪，以減少酒液與瓶頸氧氣之接觸。酵會產生較強烈粗爐的香氣成分。

台灣民間釀酒設備介紹

目前台灣釀酒的基本設備大同小異。

■ 蒸餾器設備：

　　台灣目前流通的大部分蒸餾設備，總結可歸納成四種模式：第一型為傳統的Ｖ型天鍋冷凝器。第二型為傳統的倒Ｖ型天鍋冷凝器。第三型為現代的直管（列管）式冷凝器。第四型為現代的散熱片式冷凝器。

　　蒸餾器的材質也大同小異，目前絕大部分採用不鏽鋼材質，少部分採用鋁製設備，其差異只是一次可蒸餾多少容量而大小不一或是蒸餾器外觀的精緻好看與否不同而已。

　　如果依冷凝收酒效果來比較，直管（列管）式冷凝器要比Ｖ型的冷凝器效果好，而Ｖ型的冷凝器其效果又比倒Ｖ型的冷凝效果好。其原因在於：直管（列管）式冷凝器的內部排列有很多小直管，當含酒精的蒸氣從導氣管傳來後，即被自動分散到各小管中，小管的外面都佈滿冷凝水，流動的冷凝水很快就會將內管含有酒精的蒸氣迅速冷卻成酒液，再流到底部集中後從出酒口流出，所以故一般可以達到當時冷凝水之溫度就等於出酒時酒流出的溫度。

　　傳統的Ｖ型天鍋冷凝器，其上面的裝冷水面積較傳統的倒Ｖ型天鍋冷凝器多，接觸面較廣，內壁斜面較陡收集冷凝酒液較快，且冷凝後所流下的酒液可迅速完全流入出酒管而不會再度被蒸發的因素。

　　而另一種傳統的倒Ｖ型天鍋冷凝器，其上面的裝冷水面積較少，內壁斜面收集冷凝酒液較分散，且冷凝後所流下的酒液需從內鍋邊緣收集流動一圈再集中流入出酒管，當蒸氣冷凝成酒液後，仍在內鍋邊流動時很容易被鍋內高溫再度蒸發成氣體的缺點，較容易浪費燃料。

傳統蒸餾俗稱的天鍋，有兩種形式，其差異在蒸餾的回收部位，一為往上呈倒 U 或 V 字型，靠天鍋內部邊溝收集凝結的酒液，另一種為 U 或 V 字型，利用 V 字型的底部另做一收集盤收集酒液。其大小有一次可蒸餾 1 斗米或 2 斗米、3 斗米以上之規格，大小影響購買價格及與底鍋的配套，一般底鍋用 2 尺 6 大小的較多，兩種皆外接冷凝蛇管將回收之酒液降溫有 10 尺及 20 尺之鋁製或不鏽鋼彎管（俗稱蛇管）。家庭用標準型天鍋一個約一次可蒸餾半斗米（3.5 公斤），蒸餾約需 1 小時，約 9000 元左右，簡單實用用途多。

另一種是直管式的蒸餾設備，冷卻器配直管冷卻方式，一組 3 套件，目前也有整套用不鏽鋼材質處理，一次可蒸 2 ～ 5 斗酒醪，還有加內網設備以防止酒醪燒焦，一套 2 ～ 5 萬多元。

■ 蒸煮飯設備：

可利用電力或自助餐常用的 10 台斤米或 50 人份的瓦斯炊煮，效率不錯，目前較少用大鍋煮飯，主要考慮方便性，但使用 30 台斤炊斗蒸飯的方式，仍是一種不錯的選擇。

■ 塑膠桶：

用於發酵，一般的大小以 18 斗米裝的大小為最多，釀酒以陶磁罐最好，但考慮方便性與成本，似乎台灣民間釀酒都以塑膠桶為多，主要的是釀酒過程時酒精度仍為低度酒對塑膠桶不會溶出味道，在加上桶很輕，搬運方便，不易打破。一般裝 2 斗米（23 台斤米），蒸餾時一次正好可一桶的量，23 台斤米加水總共約 34.5 台斤（21 公斤）操作時，抬上蒸餾方便。

■ 儲酒桶：

一般用不鏽鋼桶（家用水塔桶）或特殊耐酸鹼的塑膠桶，分裝時有用玻璃瓶或塑膠桶來裝酒，如要考慮酒質仍應用陶瓷罐來儲存。

■ 酒精垂度計：

酒精濃度的測定是利用酒精簡易測定器測，一組內有兩支測定垂度計，0 ～ 50 度及 50 ～ 100 度，價格約一百多元。其測定方法是將釀好的酒倒入高瘦的玻璃杯或裝測定計的塑膠筒中。然後將測定針放入液體中，此時測定針會隨酒精濃度的高低而浮沉，看液體表面與測定針接觸之刻度即為此液體之初步酒精濃度。再依酒精溫度較正表，以標準 20 度溫度換算表對照即可得到正確蒸餾酒酒精濃度。另釀造酒之酒精度測定則須先定量蒸餾後再測定與換算。

■ 糖度計：

利用糖度垂度計或糖度折光儀來測，以調整糖度及水。

■ 溫度計：

準備 0 ～ 100 度的一支即可，可測量控制佈菌溫度、發酵溫度及酒精溫度、室內溫度，以方便環境的溫度控制。

家庭釀酒實務叮嚀

家庭釀酒之原理與上述釀酒原理相同，讀者不必想得太難太複雜，首先您要準備釀酒的發酵容器，以玻璃罐或陶磁罐為主，初學者以玻璃罐最佳，主要是便於殺菌及觀察發酵過程。罐開口以手能伸入之大小，開口太小不好清洗及操作，開口太大容易汙染產生，罐子不要太大以免太重容易打破，最好買俗稱 1800cc 櫻桃罐的尺寸（直徑 15 公分，高 17 公分，開口 11 公分），

一次可做一台斤米或一台斤水果或三台斤酒，千萬不要用鐵、鋁器釀酒，避免因酸將容器的物質溶於酒中，造成鉛中毒或過多不必要之金屬物質。無論何種容器，以裝八分滿為標準。原料少空氣太多容易變成醋，甚至壞掉。

酒麴一般可到專門店買或傳統市場買，只是品質與價格很亂。不用時要冷藏，以保護活菌減少衰退。由於酒麴品質不一，只有靠口碑介紹或自己去體驗何者適用，為確保釀酒成功。第一次釀酒時最好酒麴量加多些，第二次後可依據前次發酵狀況再將酒麴逐步少量修正。如果買不到酒麴時，也可以用甜酒釀代替。做不同的酒，有不同之酒麴，不一定都可適用。

■ 糧酒類：

首先將米浸泡數小時，瀝乾水份，然後放入電鍋煮，或用其他器具用蒸的或炊的（如果用煮的飯可能會太黏），煮好的要求米飯粒熟透而不黏，等溫度降至 35℃ 才用或將剛蒸熟的米飯倒入殺好菌之佈菌容器中，等溫度降下來再接菌，接菌時將白殼（有些以 3 台斤米用一顆白殼為基準）要粉碎倒入米飯，用手或筷子輕輕拌勻，太用力會結塊，發酵效果較差。然後用乾淨布蓋好罐口，並作好保溫工作。千萬不要用罐蓋鎖緊，容易產生氣爆破罐，最好用塑膠及橡皮筋封口即行。

■ 水果酒類：

家庭釀水果酒的簡單基本原則：如果水果沒破碎處理，用一台斤水果，4 兩糖，及酒用酵母菌 1g。二是如果水果有切片榨汁破碎處理，用一台斤水果，2 兩糖，及酒用酵母菌 1g。發酵缸內的初始糖度維持在 25 度即可。釀酒加糖，並不是要使酒變得比較甜，而是把糖作為讓酵母菌轉換成酒的一種原料，糖度適中則容易酒化。最好釀水果酒時用酒用之酵母菌做酒引，促使水果汁酒化成酒。

水果酒的作法有兩種方式，一為將水果清洗瀝乾去皮（有些水果含皮發酵也行，風味會不同，原則上可連皮一起吃的水果可不必去皮，不可連皮一起吃的水果要去皮）切碎或抓碎，然後再加入已溶解糖之溫糖水，由於目前擔心水果之藥物殘留問題，恐怕已無天然（野生）之酵母菌存在，故仍需加些活性酵母菌（酒麴）當酒引幫助發酵，其糖的添加量可用水果量的1/8。另一種方式是在水果處理時，同時加入已蒸熟之糯米及酒麴共同發酵。其目地是利用糯米的糖化產生出的糖分來發酵酒精，彌補某些水果發酒之不足，如做薑酒或薏仁酒時，連皮一起發酵主要可增加色度及風味。

釀酒到甚麼程度才算完成？一直是很多人的疑問，其實只要記住一個原則，當酒汁已淹過釀酒原料時，且酒液已澄清即可判定釀出的酒已可收成，其釀酒原料會逐漸下沉，浮在中間或沉於底部。此時的酒精濃度約 10 ～ 15 度左右。若再用蒸餾設備蒸餾，酒精濃度才可達 35 ～ 65 度左右。最科學的判斷方法是測其殘糖之含量的多寡。

家庭若要做蒸餾酒時，最簡單的是可到電器賣場或量販店買購買做蒸餾水之蒸餾器代用，早期日本製進口一台需 6000 ～ 10000 元左右，目前台製的有兩家生產，在量飯店有售，一次容量 2 ～ 3 公升，價格在 2000 元左右。買的時候要選擇有保險開關，在沒水時會自動斷電裝置的才安全，否則蒸餾時要注意鍋底是否快沒水或燒焦。由於此機的冷卻系統是利用風扇吹冷式，冷凝酒液效果較不佳，會影響酒精濃度的回收，此機組蒸餾時酒糟不可放入，避免焦鍋而引起堵塞出酒管通路，較為危險。建議讀者最好考慮用傳統半斗的天鍋蒸餾設備，安全性較高，且容量大（20 公升 / 次），不產生壓力不會爆炸，日後改作精油萃取設備也可互用。

蒸餾實際操作步驟的叮嚀

■ 將 2 斗米（23 台斤或 14 公斤）已發酵好的酒醪放入蒸餾鍋內，（或依蒸
餾器大小適量只加料到八分滿就好，加料只可加到八分滿以下，料加太多
會讓酒糟溢出及跑氣），如果擔心蒸餾時酒醪最後恐有燒焦情形，也可先
用過濾取出酒糟或只拿已搾出之酒汁去蒸餾。不過有酒糟一起蒸餾的酒，
酒氣會更香、口感更順。

■ 打開瓦斯加熱之同時，順手將鍋內之酒醪攪拌不讓它沉鍋，此小動作可減
少蒸餾時焦鍋現象。如果蒸餾中途換瓦斯時也要如此動作。

■ 將天鍋之蒸餾器上部之冷凝組與蒸鍋結合，若氣密度不夠時，可用濕布塞
緊鍋邊以防蒸氣外洩。或有溝槽者利用加水來阻隔蒸氣冒出，目前比較科
學的做法是採用耐高溫的矽膠墊片及外加扣鎖以增加其氣密性。

■ 傳統的蒸餾器最好再接一組蛇管冷卻器（可明顯降低出酒溫度）連接到盛
酒容器。連接管的部份最好採用耐熱的食品級矽膠管，可避免出酒後，酒
中帶有塑膠味。

■ 將水管各接上進水管的冷卻水及出水管以增加蒸氣變酒液時的降溫冷凝效
果。直管式的冷卻進水口是在下面，而出水口是在上面。不要顛倒否則達
不到冷卻效果，如果是家庭式 DIY 用的半斗蒸餾器，也可採用在盛酒容器
外用隔水降溫方式降低出酒溫度，盛酒口可用乾淨的濕布封口以減少酒氣
外洩。

■ 點火蒸煮，用火原則是先以大火加熱酒醪達到所需沸點產生蒸氣後，在內
鍋溫度達到 80℃ 左右時，即關成小火改以小火繼續加熱蒸餾。

■ 由於雜醇、甲醇的沸點為 64℃，乙醇的沸點在 78.3℃，我們可以沸點此
作為控制火侯大小及蒸餾溫度的依據。

- 如果沒有溫度計設備，我們也可以用出酒口的出酒流動狀況來控制火候，若加熱的火候剛剛好時出酒流速會很順暢成一直線或拋物線流下，若火太小時，流出的酒液會出現成斷斷續續滴水狀，如果火太大則出酒口的酒液會接近水平漂撒且出酒口會冒蒸氣。

- 有些人是以出酒口蒸氣冒出時，前 3 分鐘之氣體不要接收，可減少收集到甲醇物質及雜醇類物質。我是採取以原料量的 2% 酒液當作去甲醇的數據。即一斤原料去 2%（12 cc），穀類原料與水果原料或果汁皆同適用。2 斗米為 23 台斤米換算乘 600 cc 再乘 2% 等於 276 cc，故要去甲醇量 276 cc。才較安全，此甲醇量可用來擦地或洗廁所消毒用。

- 去甲醇後，就可收集酒頭（酒精度在 60 度以上），做酒的調製勾兌用或可留做消毒清洗器具用。

- 酒頭收集後，正式收集酒心，收集酒液至酒精度不低於 20%（v/v），在台灣因設備的因素，一般不要低於 30%（v/v），最好在 40%（v/v）時就要準備換容器裝，否則出酒會混濁，會渾濁的酒心或酒尾可與下一槽混合再蒸餾用。

- 酒液流出之溫度經冷凝器及蛇管冷卻器同時以流動之冷水降低其出酒液溫度，以出酒液溫度以 30℃ 以下或室溫為原則。

- 特別注意工作安全事項，蒸餾場所之通風流暢一定要必備，以防酒精氣體濃度太高，造成氣爆發生。酒糟蒸餾快完成時，要注意蒸餾鍋底是否會燒焦產生。此部分依每個蒸餾器而不同，要自己找出準則。

- 以前台灣民間傳統蒸餾收酒方法是去甲醇後，即採取從頭收到酒尾整鍋蒸餾的酒放在一桶的收酒方式，平均蒸餾酒的酒精度約 42 度，但酒液往往會變濁。也因酒尾收集太多而造成尾酸及有糟味。故最好要分段以酒頭、酒心、酒尾方式收集出酒，然後再依比例做勾兌調整。

■ 民間蒸餾酒時，常會碰到蒸餾出的酒會霧霧的，此乃正常現象，一般在出酒的酒精度從 45～35 度之間會有出酒濁霧的現象。解決的方式是將此段的酒重新蒸餾或留至下一鍋蒸酒時再蒸餾，或者也可以透過各種過濾方式使酒液澄清，有時只要稍加改以控制火候大小的方式就可改善出酒的濁度。

酒精蒸餾場所安全的叮嚀

在酒精蒸餾的場所安全技術方面，操作人員除必須學習和熟悉蒸餾知識外，尚應注意下列各點：

■ 蒸餾設備及管道、附件等，一定要有良好的密封性，杜絕「跑、冒、滴、漏」的現象。

■ 有酒氣殘存時不能用明火及可能產生火花的工具，切忌金屬與金屬之間的碰撞，以免產生火花。

■ 嚴防電線絕緣不良和產生火花。

■ 場所應有良好的通風排氣條件及設備，門窗宜適度開放。

■ 場所內不要放置自燃或易燃材料。

■ 蒸餾場所嚴禁吸煙和帶入火種。

■ 在設備安裝或檢修過程要確保人身及設備安全。

■ 在設備及管道安裝時，要正確無誤。錯誤的安裝，往往是事故的禍根和生產不正常的因素。

■ 在進行化學清理或殺菌作業時，應戴防護手套，防止皮膚灼傷。

米酒

- 對儀器或儀表如壓力計、溫度計應定期進行校正檢查。

- 對有閥門的管路，要注意檢查是否有鎖緊及正常開閉功能。

- 對蒸氣的進氣量應維持均衡穩定，切忌忽大忽小，壓力忽高忽低，要達到「穩、準、細、淨」的操作要領。

如何分辨米酒好壞

- 到藥妝店買一瓶 95 度的食用酒精，將它酒精度稀釋到要比較的酒度，若比較出很接近的風味，表示此酒用酒精調和的可能性居多。

- 酒中的香氣與實際穀物或水果香氣有差異者，有可能是香精調和的。

- 倒一杯酒於杯中，放置 30 分鐘，若風味沒改變揮發掉的為好酒，若風味改變者可能是香精調和的酒。

酒如何保存

　　一般來說酒切勿與金屬器皿中存放，因為酒中的有機酸對金屬有腐蝕作用，會使酒中的金屬增加，不利於人體健康；酒中的水，與金屬接觸也易引起氧化，降低酒的香氣和使酒變色。而且須避開易燃、易爆物品與避光。一般檢查酒是否有變壞，可以看酒液是否發渾或液面有無薄膜，味道是否變苦或變酸。如酒液嚴重渾濁，表面有薄膜，為變苦變酸或有異味，表示酒已變質。

米酒的運用方法

■ 為了健康儘可能把酒溫熱再喝：酒加溫之後，一些低沸點之醛類會揮發。

■ 腹中沒有食物勿喝酒：當人胃腸中空無食物，乙醇最易吸收，當然也最易醉倒。

■ 盡可能不要多種酒混飲：不同酒中除了都含有乙醇外，還含有其它某些互不相同成分，其中有些成分，不宜混雜。

■ 不要強勸別人飲酒：強人飲酒，很容易出事。

■ 不要用藥酒作宴會用酒：藥酒一般含有多種中、草藥成分，可能與食物中一些成分發生作用。

■ 飲酒後切勿浸泡溫泉：因酒後體內儲存的葡萄糖在浸泡溫泉時，會被體力活動消耗掉，因而血糖呈大幅度下降，體溫也會急遽下降。同時，酒精也會抑制肝臟正常活動，阻礙體內葡萄糖儲存的恢復，從而危及生命。

■ 真正關心孩子的健康成長，勿教他們喝酒：孩子正處於生長發育階段，口腔、食道黏膜細嫩，管壁淺薄，對各種異物的刺激比較敏感。胃壁也淺薄，消化液的分泌也比成人少；肝組織脆弱，肝細胞分化不完全；神經系統及大腦尚未發育成熟……等，酒會導致消化不良，使肝脾腫大，影響肝功能，對大腦細胞造成損害，總之給孩子身心健康，帶來無窮後患，值得特別注意。

[福州紅糟]

醃製肉類的最佳調味料

　　自己釀製紅糟的步驟非常簡單且成功率高，一舉兩得（紅麴酒及紅糟）。除了具有獨特之風味及美艷的外表外，其營養價值及養生的功效更不容小覷。紅麴起源於中國，在古代稱為丹麴，它是我們祖先的一大發明。紅麴主要應用於紅麴酒釀造、發酵食品、色素等方面，利用微生物生產的色素及醫療保健效果，創造了食物新風貌，由於前人已幫我們建立起釀製基礎，而釀製方式又簡單可行，值得大家共同來推廣實踐。

　　本書中分別介紹兩種釀製方式：皆可同時釀製出紅麴酒及紅糟。雖同一種紅麴米，其特性是能邊糖化邊同時發酵，不須再額外添加酒麴或白殼，但因釀製工藝的不同，會出現不同的風味，但熟成幾年後兩者都能達到甘甜美味的境界。

　　福州紅糟，原料為圓糯米及紅麴米外，直接添加冷開水發酵，產生出的酒質較偏酸，紅糟則常用於醃製生肉類；客家紅糟，除原料為圓糯米及紅麴米外，另外添加入米酒一起發酵，產生出的酒質偏甜，紅糟則常用於醃製熟肉類。

釀製方式＆製程

將發酵罐加入圓糯米量的 1.5 倍冷開水

↓

加入 1/10 圓糯米量的酒用紅麴米

↓

拌勻

↓

原料採用圓糯米

↓

清洗浸泡

↓

蒸煮

↓

攤涼

↓

 加入已活化發酵好的紅麴菌水於發酵缸中

混合拌勻

⬇

蓋上透氣封口布

⬇

每日均勻上下攪拌一次

⬇

連續 7 ～ 10 日攪拌

⬇

表面出汁
可停止攪拌

⬇

改採用密閉厭氧發酵

⬇

靜置發酵 3 個月以上

⬇

3 個月以上表面的澄清液即為帶酸甘味的紅麴酒，壓榨後的糟即為紅糟

1

觀察福州紅麴酒發酵釀造過程的變化

第1天 準備原料量 1.5 倍的水 --▶ 活化菌（紅麴米添加量 1/10）--▶
原料清洗 --▶ 浸泡 --▶ 蒸熟 --▶ 放涼（放涼溫度 30℃）
入缸攪勻發酵

第2天 由紅麴菌進行邊糖化邊發酵 --▶ 將飯中的澱粉分解出糖汁及長出新紅麴菌
--▶ 每天須攪拌一次

第3天 繼續糖化出汁 --▶ 新的紅麴菌越長越多 --▶
發酵過程最好控制在溫度 30℃ --▶ 飯粒開始變濕變紅 --▶
入缸攪勻發酵

第4天 繼續糖化出汁 --▶ 7 天內每天仍須攪拌一次 --▶ 開始進行發酵高峰期
--▶ 發酵物猛烈向上漲液面

第5天 早上仍須攪拌酒糟 --▶ 酒糟混合下沉後又會上漲 --▶
攪拌酒糟後要密封發酵較好，可減少酸度

第6天 酒糟中的紅麴飯開始由底部往上浮 --▶ 紅麴米內酵母菌進行增生 --▶
同時進行酒精發酵過程

第7天 酒糟中的底部汁液逐漸增多 --▶ 可看見下部飯粒開始往上移動 --▶
酒糟飯粒在下部開始分層

福州紅糟

第**8**天 酒糟的底部酒汁逐漸增多 ┈▶ 可以不要再攪動，採用密閉發酵 ┈▶

飯粒加速沉沉浮浮活動中

第**9**天 酒糟底部的飯粒逐漸增多 ┈▶ 形成液體在中間較下面部位停留 ┈▶

液體顏色呈現紅色混濁狀

第**10**天 酒糟的飯粒大致沉底 ┈▶ 形成液體在中間部位 ┈▶

液體仍呈現紅色混濁狀，但開始逐漸轉清澈

第**11**天 酒糟的飯粒下沉轉穩定 ┈▶ 仍形成液體在中間，但逐漸呈現酒汁轉清澈

┈▶ 液面偶有冒小氣泡

1

第**12**天 酒糟底部的飯粒逐漸穩定 ┈▶ 液體上升到在中上部位 ┈▶

呈現紅色混濁狀轉清澈進行中

第**13**天 酒糟底部的飯粒逐漸增多 ┈▶ 形成液體在中上面部位 ┈▶

液體已出現呈現轉較清澈狀約可透視

第**14**天 酒糟中的上部的飯粒大致下沉 ┈▶ 形成液體在中間轉清澈 ┈▶

此時的酒精度約 15 度左右

第**15**天 可進行過濾成紅麴酒並再繼續發酵 ┈▶

也同時將過濾出的紅糟渣加 2% 細鹽攪拌成福州紅糟

紅糟酒質較偏酸，紅糟則常用於醃製生肉類。

食譜

🔲 **成品份量** 約 1.5 公斤（1500g）

🕐 **製作所需時間** 夏天 15 ～ 90 天
　　　　　　　　　冬天 20 ～ 90 天

👫 **材料** 圓糯米 1 台斤（600g）
酒用紅麴米 60g（若想發酵快及酒精
度較高，則可外加酒麴 3g）
水 1.5 台斤（900cc）

🔲 **原料比例** 圓糯米 600g
紅麴米 60g
（用量為原料米的 1/10）
水（用量為用電鍋煮飯的用水量：
0.7 ～ 1 倍，即 420 ～ 600cc，發
酵過程用水量 1.5 倍，即 900cc）

⚙ **做法一**

先釀紅麴活化

1 將發酵瓶洗淨、滅菌，
依比例加入發酵所需的
1.5 倍（900cc）冷開
水量，然後將酒用紅麴
米倒入罐中，浸泡 2 小
時以上（可依溫度及工
作方便情況自行調整浸
泡時間，此動作為活化
紅麴菌）。

2 再將經浸泡好的生糯
米、瀝乾、用電鍋以加
水量 0.7 倍方式，用電
鍋蒸熟，或用蒸斗蒸熟，
攤涼至 35℃ 左右。

3 將放涼後的圓糯米飯放入發酵瓶中。

4 攪拌均勻。

5 攪拌後，圓糯米飯會吸水變乾。

6 封口布用酒精消毒。

7 用封口布封口，蓋好以防昆蟲侵入。放在家中陰涼處儲存。採靜置發酵，第一週發酵的每天需用乾淨的不鏽鋼匙上下攪翻紅麴酒醪一次。然後第二週起每隔7天攪翻一次。注意攪拌器需保持乾淨需消毒過再用。發酵持續15天即可使用，或45～90天後，可裝入濾袋壓搾出汁，提取紅麴酒及福州紅糟。

🍲 注意事項

★ 主要要領：

- 加水量為生糯米總量的 150%，即 600g 糯米配 900g（cc）水，即（原料生糯米 1：釀造用水 1.5）。

- 加紅麴量為生糯米總量的 10%，即 600g 糯米配 60g 酒用紅麴，即（生糯米 1：紅麴米菌種 0.1）。

- 最佳發酵溫度：25℃（15 ～ 35℃）。

- 最佳釀酒時機：中秋節過後，清明節之前。

- 發酵完成期：夏天 15 ～ 90 天、冬天 20 ～ 90 天。

- 出酒率：1 台斤米（不外加特砂糖），可得 1 台斤 15 度酒。

- 風味：無餿水味，風味純正，無雜味，有特殊紅麴香味。

★ 酒用紅麴米分很多品種，庫麴與輕麴釀出的紅麴酒會較鮮紅，烏衣紅麴或窖麴釀出的紅麴酒顏色會較暗紅或帶墨綠色。公賣局的紅露酒較接近庫麴釀酒。

★ 不管用哪種酒用紅麴米，一定要用活菌的紅麴，有些紅麴是色素用的紅麴，常是死菌，無法讓糯米產生酒精，只是染色用，千萬要注意。

★ 自製的紅麴酒與公賣局的紅露酒是不同的風味，自製的酒精度不高（約 16 度），味道較醇厚綿甜，沒辛辣味，有點尾酸。而公賣局之紅露酒，因生產工藝不同，酒精度較高（約 20 度），過濾較乾淨，酒的澄清度較高。

★ 前期浸泡活化酒用紅麴米時，水溫最好在 30 度左右，可讓紅麴菌先活化復甦。

★ 蒸飯要熟透，出酒率才會較高，而且風味較完整。

★ 糯米用長糯米或圓糯米皆可，只是圓糯米會產生較甜感，其他穀類也能釀造，但一般都採用圓糯米來釀酒。

★ 紅麴酒發酵好即可以喝，故在發酵時用的水，一定要用冷開水或可直接可喝的水來做發酵用水，發酵完成過濾後裝瓶，則採隔水加熱，以 70℃ 加熱時間 60 分鐘滅菌，趁熱蓋瓶蓋，風味就定型。

★ 如果初發酵的紅麴酒會偏酸，屬正常現象，存放一段時間後它會由酸轉成甘味，時間需要一年以上。

★ 每年最佳釀造紅麴酒的時間是中秋節之後，清明節之前。酒質較不酸。如果夏天釀酒時，酒質普遍會偏酸味。

各種紅麴菌使用方式與效果

庫麴、烏衣紅麴：常用於釀酒。其成品的紅麴米屬活菌，米粒顏色較深。

輕麴：用於釀造。其成品的紅麴米屬活菌，米粒顏色較淺。

色麴：用於天然色素用，其成品的紅麴米或紅麴粉屬已滅過菌的死菌。

藥用紅麴或功能紅麴：用於降膽固醇、降血壓之用。其成品的紅麴米或紅麴粉屬已滅過菌的死菌。

食用紅糟的好處

■ 紅麴發酵物及其代謝物，除了產生降低人體膽固醇、降低血壓作用的物質外，還有預防和治療膽結石、前列腺肥大腫瘤的作用。紅麴中有能產生降低血糖的物質，對糖尿病有一定的防治作用。紅麴能促進人體對鐵的吸收，對防治貧血有一定的作用。紅麴也早就用於對帕金森氏綜合症及其相關的精神病的治療。

■ 紅麴可部分替代亞硝酸鹽，亞硝酸鹽加入到肉製品中，用於發色、防腐以及增進風味，具有悠久的歷史。但近年來証實，亞硝酸鹽是強烈致癌物質亞硝胺的前體物質，所以尋找一種能代替亞硝酸鹽的替代物具有重要意義。

■ 紅麴會在發酵過程中產生酯類物質，可作為天然芳香物質，增加酒中香氣。

如何分辨福州紅糟好壞

　福州紅糟應具備酸甘口感，並有特殊的酒香及麴香，但不是一般的米酒香氣。由於許多人在釀製的過程中，因糯米與紅麴米的配比不協調，使得發酵過程中有瑕疵，造成酒醪的酒精度不足而需額外加米酒情形，也因為顏色產出不足而需額外添加紅色素，要小心辨識。通常發酵後的紅糟仍保有當初當菌種的紅麴米粒的較深色澤，與新發酵的紅麴米粒顏色會有差別，除非將酒醪中的紅糟全部研磨才會顏色一致。而放久的陳年老糟會顏色更深更香醇。

紅糟的運用方法

　料理應用方面，目前在台灣已常用紅麴粉或紅糟取代紅色 6 號色素，應用在做米麵食加工產品中，如紅麴饅頭、紅色水餃、紅色的麵疙瘩、紅色湯圓、紅龜粄、染紅蛋、紅色發糕、紅色蛋糕、紅麴蛋捲、紅麴鬆餅……等。

　而常見的紅糟料理應用有：製成紅糟醬、紅糟豆腐乳、紅麴酒、紅露酒、紅麴醋、紅麴精力湯、紅糟炒肉片、酥炸紅糟肉、紅糟腐乳肉、紅糟鰻魚羹、酥炸紅糟鰻、酥炸紅糟肉、紅糟肉圓、紅糟肉躁、紅糟製作的紅珊瑚羹、紅糟肉羹、紅糟獅子頭、紅麴素豆包捲、紅麴香腸、紅麴素香腸、紅糟燒魚、紅糟米麵食、紅糟東坡肉、紅糟醬排骨、紅糟豬腳、糟鴨糯米飯、紅糟麻油雞、紅糟黃魚、紅糟溜魚片、紅糟炒肉絲、紅糟小卷、紅糟炒飯、紅糟涼麵、糟味蜆、糟香蜆肉蒸蛋、紅糟炒海瓜子、糟香蟹塊酥、紅糟煎肉餅、紅糟牛肉餅、紅糟釀蓮藕、糟香冬粉、紅糟子排、紅麴油飯、紅糟燒雞、紅糟酸菜。

紅糟料理簡易食譜

紅麴料理中的紅糟，最好要用沙拉油或麻油先熱炒爆香，再與其他材料一起炒，如果是用於醃製，則須先將紅糟調特砂糖及細鹽後再使用。紅糟避免用於蒸的料理。

蒜香紅麴醃肉

材料　生豬肉 300g
　　　　紅糟 1 大匙
　　　　青蒜苗 3 根

做法

1. 將生豬肉切細肉絲，抹上紅糟，放入冰箱冷藏醃半小時。
2. 取出炒青蒜苗即可。

香烤紅麴醃肉

材料

紅麴醃肉 600g

做法

1. 將整塊醃肉放入烤箱中。
2. 開全火 210℃ 烤 35 分鐘。
3. 將肉取出切片即可。

[紅糟香酥鰻]

材料 鰻魚 600g
太白粉 少許
沙拉油 適量

醃料 紅麴醬 70g
醬油 20g
特砂糖 20g
酒 20cc
香油 10g
薑汁 少許
細鹽 5g

做法

1. 鰻魚切條，放入醃料醃 1 小時。
2. 將醃好的魚條沾太白粉，鍋中放入沙拉油，下鍋油炸 1 分鐘撈起。
3. 將鰻魚條再度下鍋，以大火油炸 30 秒撈起即可。

[傳統紅糟肉]

材料 豬肉（五花肉或胛心肉）
或雞肉 300g

醃料 紅麴醬 1 大匙
細鹽 1 小匙
特砂糖 15g
醬油 1 茶匙

做法

1. 將豬肉煮熟，抹一層薄細鹽。
2. 紅麴醬加入特砂糖及醬油，拌勻。
3. 在容器內放入一層肉一層紅糟醬，放入冰箱冷藏 3 天。
4. 取出醃肉切片即可。

紅糟炸肉排

材料
里肌肉 1200g
細地瓜粉 少許
蔥 2 根
蒜 6 小瓣
沙拉油 適量

醃料
紅麴醬 120g
醬油 1 茶匙
特砂糖 30g
香油 20g
五香粉 1g
胡椒粉 3g
細鹽 5g

做法

1. 里肌肉切片,並用刀面將肉片打薄。
2. 蔥、蒜切末,加入醃料中拌勻。
3. 將里肌肉片放入醃料中浸泡 30 分鐘。
4. 將醃好的肉片沾上細地瓜粉,放入沙拉油鍋炸熟即可。

紅糟爆肉片

材料
五花肉或胛心肉 300g
青蒜苗 3 根

調料
紅麴醬 1 大匙 (70g)
特砂糖 15g
細鹽 1 小匙
醬油 1 茶匙
酒 1 茶匙
味素少許
細鹽 5g

做法

1. 肉切片蒜苗切絲備用。
2. 起油鍋放,入紅麴醬和特砂糖炒香。
3. 放入五花肉片或胛心肉片,再加入醬油、酒、細鹽翻炒。
4. 最後加入蒜苗拌炒即可。

福州紅糟

［ 客家紅糟 ］

天然滋養的紅色調味品

　　遠在中國明朝李時珍《本草綱目》已記載了紅麴米的製造方法及其中藥上的應用，如治女人血氣病痛、產後惡血不盡、消食活血、健脾燥胃、赤白痢等。而後漢《神農本草經》也早已提到紅麴，所以中國人利用紅麴至少已有一千多年的歷史，它是中國寶貴的科學遺產，是在微生物應用技術上的一項傑出創作。

　　紅麴 (Monascus)，是以蒸熟的在來米為原料，經由接種紅麴屬真菌繁殖發酵而成的一種紫紅色米麴。

　　中國雖長久以來將紅麴菌應用在食品及醫藥中，曾上市的紅麴相關產品大約有下列幾類：

1. 酒類：如公賣局的「紅露酒」，其添加紅麴菌主要作用即在改變色澤與風味。大陸的「大曲酒」、日本的「續青春」紅麴清酒，是以功能紅麴取代部分米麴的清酒。

2. 醋類：日本的「紅壽」是將傳統的製醋米麴和紅麴依比例混合，以提高氨基酸含量及成品甘味。

3. 味噌：製成低鹽的保健味增，在釀造過程中添加紅麴，可避免雜菌污染增進品質及減少食鹽用量。

4. 醬油：如新竹客家人地區曾生產的「紅美人醬油」，其特色是風味濃厚，色澤優美，而且著色力強，如用功能紅麴代替傳統紅麴時，可多一

份食療效果，目前台灣有某家公司準備以可降低膽固醇之沾醬訴求，重新生產此特色產品。

5. 豆腐乳：傳統只將黃豆經麴菌發酵製成，如果將紅麴菌依比例混合進行發酵，則多一種風味與色澤，如「紅豆腐乳」曾為琉球王國的貢品。

6. 肉製品：加入紅麴可提供特殊的甘甜風味及保健功效，如日式火腿、香腸。大陸也用紅麴取代香腸中添加的亞硝酸鹽，用以防腐、著色並增加風味。

7. 烘焙食品：添加後可改善外觀及香味，取代人工色素並具有保健訴求，以提高附加價值，如大陸的「紅米酥」。

8. 飼料添加劑：在飼料中添加可使雞蛋中之膽固醇含量下降約 20%，對提高雞蛋之附加價值是一可行方向。

傳統中式食品及藥膳用食品：中國傳統紅麴的食用方法，最常用紅麴和米飯混合發酵製成紅糟，如紅糟肉、紅燒鰻、叉燒肉、紅糟飯、紅糟雞酒、紅糟泡菜。如果改用功能紅麴來取代傳統紅麴製作紅糟食品，則更多一分保健功效，如將傳統粽子研發做成「紅粽」食品，未來前景看好。

飲料類：利用其色素及功效性製成中藥藥膳型保健飲品。

市售的一般紅麴，絕大部分不是功能紅麴，只是釀造用的紅麴食品，其內含量幾乎沒有含莫那可林（Monacolin K）的成分，自然沒有降血脂、降膽固醇、降血壓之效果。

釀製方式＆製程

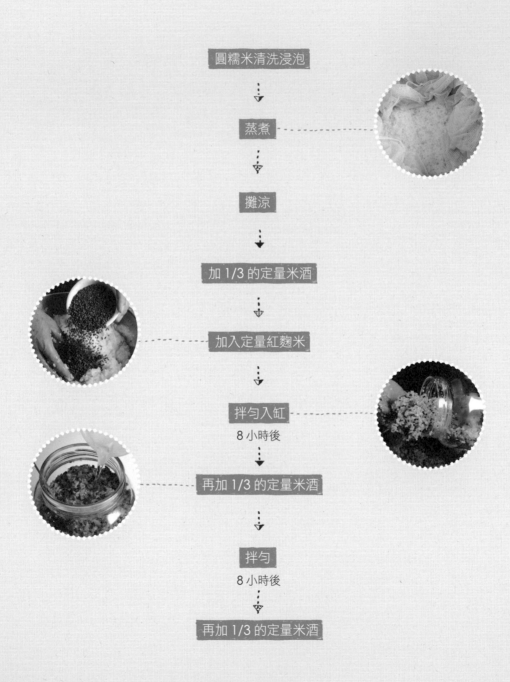

圓糯米清洗浸泡

↓

蒸煮

↓

攤涼

↓

加 1/3 的定量米酒

↓

加入定量紅麴米

↓

拌勻入缸

8 小時後

↓

再加 1/3 的定量米酒

↓

拌勻

8 小時後

↓

再加 1/3 的定量米酒

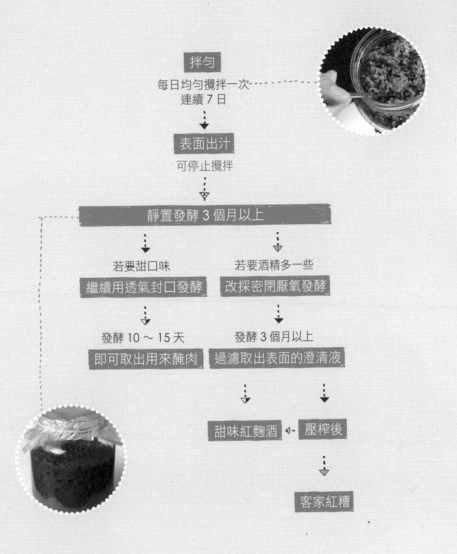

拌勻

每日均勻攪拌一次
連續 7 日

↓

表面出汁

可停止攪拌

↓

靜置發酵 3 個月以上

↓ 　　　　　　　　↓

若要甜口味　　　　若要酒精多一些

繼續用透氣封口發酵　改採密閉厭氧發酵

↓ 　　　　　　　　↓

發酵 10 ～ 15 天　　發酵 3 個月以上

即可取出用來醃肉　過濾取出表面的澄清液

　　　　　　　　　↓ 　　　　　↓

　　　　　　甜味紅麴酒 ◄ 壓榨後

　　　　　　　　　　　　　↓

　　　　　　　　　　客家紅糟

自製的客家紅糟，具備甜口、特殊的酒香，
不是一般的米酒香氣。

📏 **成品份量** 約 1500g

🕐 **製作所需時間** 約 10～15 天

🧺 **材料** 　圓糯米 1 台斤（600g）
　　　　酒用紅麴米 60g
　　　　20 度米酒 1 瓶（600 cc）
　　　　細鹽 12～18g（2%～3%）
　　　　（此部分是發酵完成後再加，也可
　　　　不加）

⚙ **做法**

1 將 1 台斤圓糯米經浸泡（依溫度情況自行調整浸泡時間）、瀝乾，若用電鍋煮，只要加0.7～1 倍的水量，蒸熟或炊熟。

2 蒸熟的圓糯米飯攤涼至35℃左右，加入 20 度米酒 200 cc。

客家紅糟

3 將圓糯米酒飯打散。

4 加入酒用紅麴米 60g。

5 將紅麴米與圓糯米酒飯
攪拌均勻。

6 放入瓶中發酵。

7 將酒精噴向紙巾消毒。

8 將瓶口用噴過酒精的紙
巾擦拭。

9 蓋好蓋子或封口布，除
透氣發酵外，可防止昆
蟲侵入。完成後可放在
家中陰涼處發酵

10 第二天再加入第二次20度米酒200 cc。用乾淨的鋼筷或長湯匙上下攪翻紅麴酒醪一次。

11 第三天再加入第三次20度米酒200 cc，再攪翻一次。

12 注意攪拌器以及封口塑膠袋的乾燥及消毒。

13 之後每天攪拌一次，連續7天或靜置發酵約10～15天即發酵完成。

客家紅糟嘗起來有濃濃的甜味及酒香味，且顏色應呈自然鮮豔的紅色。最後再加入12g的細鹽，攪拌均勻即大功告成。醃肉時，一般醃熟肉2～5天即可切盤食用。

如何分辨客家紅糟好壞

客家紅糟應具備甜口即有特殊的酒香，不是一般的米酒香氣。由於許多人在釀造發酵過程中有瑕疵，造成酒精度不足而額外加米酒以及添加紅色素的情形，要小心辨識。

🍚 注意事項

★ 不管用哪種酒用紅麴，一定要用活菌的紅麴，有些紅麴米是色素用的紅麴，通常是死菌，無法讓糯米產生酒精，只是染色用，千萬要注意。

★ 一般自製的客家紅糟，初期酒精度不高，很協調，味道較醇厚綿甜，沒辛辣味。有些廠商因成本考量以及沒有選對紅麴米的關係，所以通常發酵完成後，再另外加入米酒及人工紅色素，此種做法抹滅了客家紅糟的精華。

★ 蒸飯要熟透有 Q 度，但不要爛，出酒率才會較高，而且客家紅糟風味較完整。

★ 糯米用長糯米或圓糯米皆可，只是圓糯米會產生較甜感，較傳統常用。

★ 發酵時，先加入米酒的作用是在幫助發酵初期減少雜菌污染，增加發酵成功率以及增加紅糟風味。一般紅麴菌的最佳耐酒精度在 6 度左右，所以米酒的添加時，一定要分 3 次加，以減少酒糟中的總酒精度太高時影響發酵，甚至會遏阻發酵。

★ 客家紅糟是用於熟肉的浸泡或醃漬，福州的紅糟則用於生肉的浸泡或醃漬，是兩者最大不同點。兩者榨出來的酒汁皆可繼續陳放成紅麴酒或紹興酒，但風味會有些不同。

★ 發酵時加入的紅麴米量為生糯米總量的 10%，即 600g 糯米，配 60g 酒用紅麴米（生的圓糯米量 1：酒用紅麴米量 0.1）。

★ 圓糯米 1 台斤（600g）加 20 度米酒 600 cc，但米酒要分 3 次量加入（每一次加 200 cc）。（生的圓糯米 1 台斤：20 度米酒 1 瓶 600 cc）。

🚩 食用紅糟的好處 🍖

■ 紅麴黴除了可以產生降低人體膽固醇、降低血壓作用的物質外，也有預防和治療膽結石、前列腺肥大腫瘤的作用；紅麴中有能產生降低血糖的物質，對糖尿病有一定的防治作用；紅麴能促進人體對鐵的吸收，對防治貧血有一定的作用，而且也很可能是優良的防癌物質，而紅麴所產生的單胺氧化酶阻遏物早就用於對帕金森氏綜合症及其相關精神病的治療。

■ 亞硝酸鹽加入到肉製品中，用於發色、防腐、增進風味，已具有悠久的歷

史。但近年來証實，亞硝酸鹽是強烈致癌物質，而紅糟就是替代亞硝酸鹽的最佳食材。

■ 紅麴會在發酵過程中產生酯類物質，可作為天然芳香物質，增加酒中香氣。

客家紅糟的運用

一般客家紅糟都是醃製熟的肉類為主，如鴨肉、帶骨的排骨、豬尾巴、雞胗、鴨胗、鵝胗、瘦肉、豬頭皮、豬耳朵；或用酒糟做紅麴油飯、甜紅麴米糕；紅糟可運用客家紅糟來醃製紅糟鴨。先將鴨子煮熟，趁熱抹鹽於表皮及肚中，放涼。將做好（約第 10 ～ 15 天）的客家紅糟，直接塗在鴨子表層或用客家紅糟醃過鴨肉即可，3 ～ 5 天即可切來當冷盤吃，千萬不要將紅糟鴨蒸過，風味會改變。

如果釀造的紅糟酒精度不夠或甜度不夠，在醃製時，可額外加入米酒或特砂糖調味，最好多放幾天比較好吃。

或者可以調製成紅糟醬，當沾醬用，如沾肉圓、沾黑輪，或用於醃製魚、肉。 材料與做法如下：

特製紅糟醬

材料

紅糟：味噌：特砂糖：醬油
= 3：2：1：1

做法

1. 依比例取定量的原料。
2. 將原料放入鍋中，攪散，用小火煮至溶化，待煮滾即可。
3. 如果太濃稠，可適量的加一些水或米酒煮至溶化。若怕顏色太深，可將醬油改成細鹽，細鹽量為醬油的五分之一替代。

柳丁酒（水果酒釀製的認識）

每一口都是微醺的果香

　　水果的種類繁多，基本上只要可以食用的，都可以釀製水果酒，只是釀製出來酒的風味、口感，是否可以被大眾接受而已。因此只要學習正確的基本水果酒的釀製方法，隨時可針對季節性出產的水果，以單一品種或多品種複合的水果原料，釀製出千百種水果酒。

　　所謂水果釀造酒是指以果實為原料，經一定的加工作業處理後，取得其果汁、果肉或果皮，再經過微生物發酵過程，或採用部分的食用酒精浸泡水果，歷經一段時間發酵釀造而成的一種飲料，其酒精含量應在 0.5% (20 攝氏度) 以上。在台灣，採純釀造方法發酵完成的水果酒，其產出的酒精濃度含量大約在 8 ～ 15 度之間，有些經過濾後即裝瓶銷售，有些則再經蒸餾成 38 ～ 75 度的水果蒸餾酒，有少部分甚至再加工浸泡於橡木桶中，成為白蘭地。

　　水果的產區主要分布於溫帶或溫熱帶，而熱帶地區的水果，其果肉的糖、酸含量高，且富有濃郁果香的特殊性。由於世界水果的種類繁多，生長特性與產地之生長環境差異極大，水果的產期一般以夏、秋之際為最多，有

些水果適宜鮮食，有些則適宜製成水果加工製品。

　　水果種類對釀酒的品質有相當的影響，所以在釀水果酒時，品種的挑選非常重要。目前大致上可將釀酒的水果歸為以下三類：

漿果類：果肉水分含量高者，果肉柔軟，如：葡萄、草莓、奇異果。

核果類：果肉中有堅硬的果核，果肉稍硬，如：蘋果、水蜜桃、梅、荔枝、
　　　　李子、櫻桃。

其他類：上述兩類之外的水果，如：檸檬、柑橘、鳳梨、香蕉、甘蔗、楊桃、
　　　　百香果。

　　台灣民間流傳著傳統水果酒的釀酒黃金定律：「一層水果一層糖，1 台斤水果 4 兩糖」，此種製法以現代科學眼光來看，其實是蠻科學的，也符合釀酒原理。因為鋪一層水果再鋪一層糖，再鋪一層水果再鋪一層糖，最上面一層一定鋪糖的方式結束，當分層的糖溶解時會比單層的糖要均勻，而且分層次鋪糖的溶解速度也會比一堆的糖更快。雖然沒有外加酵母菌，主要以前很少用農藥或生長激素，所以直接利用水果表面殘存的天然酵母菌即可釀出水果酒。

　　而為甚麼 1 台斤水果要添加 4 兩糖呢？原因是水果清洗後，基本上沒有破碎，所以水果內所保有的糖度沒有立即被釋放出來，等於發酵初期發酵缸內的水果糖度等於零，然而水果酒適合的發酵糖度以糖度 25 度為原則，所以在單位上台灣 1 斤是 16 兩，而 4 兩則是 1 斤的四分之一，如果 1 斤糖度是 100 度，那四分之一的份量則是 25 度，這個糖度適合初期發酵。阿嬤釀的酒之所以會被詬病都太甜，是因為發酵條件不好，造成發酵不完全，殘糖就會太多，因此發酵中的糖度無法轉成酒精。不過，傳統方法釀水果酒的最大好處，只需要補糖而已，甚至沒有加水，更沒有像國外加二氧化硫或抑菌劑，所以台灣早期的水果酒普遍都偏甜，而且酒精度偏低，但是濃純好喝有口碑。

水果

清洗、除梗、破碎(或去壞果)

入發酵缸

調發酵糖度 
加水稀釋至 23 ～ 25 度

加入活化後的水果酵母菌

發酵終止

過濾澄清

裝瓶滅菌

包裝

柳丁酒

以釀酒黃金定律「一層水果一層糖，1斤水果4兩糖，
再加水果酵母菌」釀出來的柳丁酒，濃純好喝。

食譜

📷 **成品份量**　共 600g

⏱ **製作所需時間**　1 ～ 3 個月

🍴 **材料**　柳丁 1000g
（去皮後約剩 600g 的汁與果肉）

特砂糖 約 75g
（總平均糖度 25 度）

水果酵母菌 0.3g
（用量為原料量的萬分之五）

📷 **做法**

1 柳丁去皮、切片，秤重取 600g。

2 將柳丁肉放入瓶中。

3 可以用兩種處理好的柳丁肉，一起放入瓶中。

4 用手或手動攪拌棒將柳丁肉打爛。

5 使用糖度計時,要先歸零。

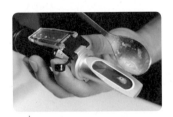

6 取一滴柳丁汁液用糖度計量。用糖度25度減去現有水果糖度即為要補足的糖度。

例如:柳丁測出的糖度為12.5度,而釀酒需要的糖度25度,則25度-12.5度=12.5度,此為須補充的糖度。而現有600g的量,故12.5度×600=7500,一般砂糖的糖度以100%計算,故須補糖7500÷100=75g即可。

7 加入補足發酵的特砂糖量。在家庭的釀製中,不一定要如此精算,可採用傳統「1斤水果4兩糖」的概念來算,補加特砂糖量會非常容易。

例如這4兩糖是25度的4兩,現在我的水果柳丁糖度是12.5度,我要補12.5度的糖是25度的2分之1,也就是4兩糖的2分之1量,就可求得補加糖量。

8 加補特砂糖量後,先攪拌均勻。

柳丁酒

9 活性乾酵母加溫開水先行活化，攪拌至完全溶解，並靜置 20～30 分鐘。

12 蓋上封口布，用橡皮筋封緊做好氧發酵一天。

10 再加入已活化好的水果酵母菌拌勻。

13 第二天起就用塑膠袋封口，改用厭氧發酵，一直到發酵完成。

11 將封口布噴酒精消毒。

★ 發酵完成時間 1～3 個月，依發酵情形而定。初期酒味重，還有甜味但沒水果香氣，後期酒精度高，香氣濃，但甜味降低甚至變成無糖，會產生微酸。

★ 發酵完成後，可採壓榨過濾，家庭式的釀酒可直接用過濾袋用手壓擠過濾。再澄清轉桶數次即可。

★ 最後在裝瓶前可調整酒精度、糖度，甚至色澤等，隨自己的需求而定。

★ 若要保存較久時，可採用裝瓶後用隔水溫度 70℃ 滅菌 1 小時，將雜菌殺死。當然也可採用國外的方式，添加二氧化硫或直接加抑菌劑的方式處理。（較不建議）

★ 國外因為釀造水果的糖度夠甜，所以不一定要補加糖來處理。如果不在乎酒精度的高低，則不用額外加特砂糖來釀造，風味自然會純醇，但釀出的酒精度可能只有 5～8 度而已。一般釀酒的糖度與酒精度的關係大概是 2 度的糖度轉變成 1 度的酒精度。故 25 度糖的水果，大約釀出 12.5 度的水果酒。如果想要再高酒精度的酒，除了發酵過程中不斷的補特砂糖外，最常用的方法是直接額外添加混合食用酒精來提高酒精度，或採用蒸餾法來濃縮提高酒精度。

★ 糖用一般的特砂糖或二砂糖即可。古早常用冰糖釀酒，我認為冰糖用在浸泡酒較好，發酵的酒採用不要太精緻的糖即可，用特砂糖則風味會較清甜，不會影響水果原本的顏色，而二砂糖顏色會較深，適合用在較深色的水果釀造酒上，如果價格差不多，建議採用特砂糖來釀酒即可。

★ 水果酵母菌秤重定量後，最好要先做活化動作，先讓乾燥的酵母菌甦醒繁殖，較不會擔心釀酒失敗的可能性，活化有一定的做法。

柳丁酒

釀造水果酒生產過程的觀察與處理

太甜時——

可能因素：

■ 糖量添加太多。

■ 酵母菌發酵能力太差，含殘糖量
 太高。

■ 酵母營養不足。

解決方法：

■ 降低糖添加量。

■ 改以分批添加糖量（一次全部添
 加時造成糖濃度太高，可能會
 抑制酵母菌發酵能力）。

■ 改加新酵母菌再發酵。可先取出
 部份進行試驗，再逐步加至主
 發酵桶，如果含糖量過高時可
 做適當稀釋，但應盡量減少影響
 品質，如果有原料果汁可以此
 法稀釋或重新混合再開始發酵。

■ 如果酒精濃度夠，也可以與不含
 糖的水果酒混合。

■ 若是酵母營養不足，可取出部份
 發酵液，添加酵母營養成分進

行測試，等確定後重新添加營
養成分及活化酵母。

不發酵或延滯發酵時——

可能原因：

■ 缺少營養。

■ 糖添加量太高。

■ 含二氧化硫太高，抑制酵母菌
 生長及活性。

解決方法：

■ 酵母營養不足：可取出部份發
 酵液，添加酵母營養成分進行
 測試，等確定後重新添加營養
 成分及活化酵母。

■ 糖添加量太高：降低糖添加量
 或改以分批添加糖量（一次全
 部添加時造成糖濃度太高，可
 能會抑制酵母菌發酵能力）。

■ 如果確定二氧化硫太高，可實
 施多次轉桶，使二氧化硫揮
 發掉。

產生偏酸現象時——

可能原因：

■ 遭受到醋酸菌污染。

■ 糖分被吃光，水果原來的酸度
　過高。

解決方法：

■ 程度輕尚可改善者：添加二氧化
　硫，減少與空氣接觸之表面積。

■ 嚴重者無法挽救：丟棄或改變
　作為醋酸產品。

水果活性乾酵母菌用於酒類的方法

■ 使用酵母菌前，一定需要按添加
　量先行活化乾的活性酵母菌。

■ 一般添加使用量為原料的萬分之
　五，即每 1 公斤水果或 1 公升果
　汁，添加 0.5 公克的活性酵母菌。

■ 將定量好的活性酵母菌及糖水攪
　拌至活性乾酵母完全溶解，並
　靜置 20 ～ 30 分鐘。

■ 發酵用的空桶或發酵罐，先滅菌
　冷卻後再用，裝入經壓榨後的

果肉或果汁，並測其水果的原
始含糖度，不足的糖度需用糖
水補足。

■ 加入先前已溶解定量好的補糖水
　溶液，要攪拌均勻。

■ 調整發酵桶之發酵液其糖度至
　16 ～ 18 度或至 25 度，然後加
　入已活化好之酵母菌液，開始
　發酵。

〔 鳳梨釀造酒 〕

材料　鳳梨肉 1 台斤 （600g）
特砂糖 4 兩 （150g）
水果酵母菌 0.3g

做法

1. 將鳳梨去皮切丁（或用榨汁，只用鳳梨汁），放置於發酵罐內備用。

2. 將特砂糖加水，用小火煮至溶化。糖水放冷至 35℃ 時，倒入發酵罐，或直接以一層特砂糖一層鳳梨丁的方式擺放。

3. 將水果酵母依程序活化備用。

4. 將鳳梨肉、特砂糖或特砂糖水、酵母菌混合，放入酒缸（或櫻桃罐）內，先用封口布封好，第二天再改用塑膠紙蓋好，再用橡皮筋套緊，約一個月即可開封飲用。

5. 做好的水果酒需過慮，再放置澄清，此時的澄清液會最好喝。

〔 鳳梨浸泡酒 〕

材料　鳳梨肉半台斤（300g）
冰糖 200g
米酒 0.9 公升（900cc）

做法

1. 將鳳梨去皮，把果肉切四等份，再切片，放置酒罐內備用。

2. 將冰糖、米酒倒入酒缸（或櫻桃罐），混勻，用塑膠袋蓋好之外，再用蓋子蓋好，密封於陰涼處。

3. 浸泡 3 ～ 6 個月時，用棉布過濾後，酒汁裝於細口瓶內，將渣與沈澱物分離，以免酒質混濁。

米醋（穀物醋）

調和食物口感的關鍵

中國是世界上用穀物釀醋最早的國家，以米、麥、高粱或酒糟等釀成含有醋酸的液體，古代又稱為「醯」、「酢」、「苦酒」、「米醋」等。

食醋是我國傳統的酸性調味品。在春秋戰國時代就已有專門釀醋的工作坊，只是那時醋是比較貴重的調味料。如古書《論語・公冶長》中記載：「熟謂維生高直，或乞醯焉，乞諸其鄰而與之」；在《孔氏傳》中也記載「鹽鹹梅酸羹需醋以和之」。由上得知，醋的起源大概在公元前 16 世紀左右。

直到漢代才開始普遍，這時的醋已成為日常生活中的開門七件事之一。據東漢時代的著作《四民月令》中記載，四月四日可做酢，五月五日也可做酢；另從漢代的著作《食經》中所記述的「作大豆千歲苦酒法」來看，可以證明，中國在漢代就已經能夠以酒釀醋了。

南北朝的北魏時期，賈思勰所著的《齊民要術》一書中，有系統的記載了當時百姓從上古至北魏時期的製醋經驗和成就，書中共收載了二十二種製醋方法，其中的一些製醋方法一直沿用至今。

故由歷史的傳承演變得知，使用不同的穀物發霉成麴，然後再用它來使更多的穀物類糖化、酒化和醋化，這是釀醋史上的重大發明。

中國歷史上的釀醋法很多，大致分為三大類：

米醋

1. 釀陳醋：先將酒麴和糊化後的高粱、白米拌合，發酵製成醋糟，然後移至淋缸，用開水反覆過淋，再將成品新醋放在室外進行「夏於日曬夜露」或「冬天撈冰陳釀」的後發酵，使水分越來越少，醋的濃度越來越大，最後密封於甕中陳放。

2. 釀米醋：米醋是以糯米為原料，其頭一道製程是先糖化再酒化，為了使酵微生物繁殖更好，溫度不能超過 30℃。飯粒既要熟透，又不能太軟或太硬，在釀造的過程中，為了提供足夠的氧氣，擴大醋酸菌的繁殖，採用了中途多次添加酒化液或中途加糖的做法。中國的鎮江香醋就是一種典型的米醋，距今已有約 1400 多年的歷史。

3. 釀藥醋：中國是藥醋的發源，距今已有約 1300 多年的歷史。它是以麩皮、中草藥及少量的米或小麥等為原料，經過製麴酒化醋化、淋醋和煎熬而製成的，如四川的保寧醋以其獨特清香醇厚之味聞名。

醋的分類與種類

■ 按生產製程來分類：

1. 釀造醋：

　米醋：用糧食等原料釀成，米醋因加工方法不同，可再分為熏醋、 香醋、麩醋等。

　糖醋：用麥芽糖或糖渣等原料釀成。

　酒醋：用白酒、米酒或酒糟等原料釀成。

2. 人工合成醋。

3. 色醋：含有顏色的人工合成醋。

4. 白醋：可再分普通白醋和醋精。

一般人工合成醋，通稱醋精，它是用可食用的冰醋酸稀釋而成，其醋味很大，但無香味，冰醋酸對人體有一定的腐蝕作用，使用時應進行稀釋，一般的規定冰醋酸含量不能超過 3 ～ 4%。同時這種醋不存有釀造醋中的各種營養素，因此它不容易發霉變質，也因此沒有營養作用，只可起到調味作用。若無特殊需要，最好還是喝釀造醋較好。

■ 按原料處理方法來分類：

1. 生料醋：糧食原料不經蒸煮糊化處理，直接用來釀醋稱之生料醋。

2. 熟料醋：糧食原料經過蒸煮糊化處理後用來釀醋稱之熟料醋。

■ 按醋酸發酵方式來分類：

1. 固態發酵醋：
如山西老陳醋、鎮江香醋、四川麩醋、北京薰醋。一般以糧食為主料，以麥麩、穀糠、稻殼為填充料，以大麴、小麴為發酵劑，經過糖化、酒精發酵、醋酸發酵而得成品。生產週期最短為一個月，最長達一年以上。

2. 液態發酵醋：如：福建紅麴老醋、漳州白醋，東北酒精醋。一般以米、高粱、玉米為主料，一部分以糖、酒為原料，以野生微生物為發酵劑，經過糖化、酒精發酵、醋酸發酵而得成品。醋酸發酵是在液態靜置情況下進行，生產週期最短為 10 ～ 30 天，最長達三年左右。成品的酸度約 2.5 ～ 8% 左右。

3. 固液發酵醋：俗稱「二步法」，本法將釀醋的全過程分為液化、糖化、酒精液態發酵，再經固態機械翻醅、醋汁回流法進行醋酸發酵，並且使用純種培養的麴黴菌、酵母菌、和醋酸菌。

■ 按食醋的顏色來分類：濃色醋、淡色醋、白醋。

■ 按風味分類：

1. 陳醋：醋香味較濃。

2.熏醋：具有特殊焦香味。

3.甜醋：添加了糖等甜味劑。

4.藥醋：添加了中草藥材、植物性香料。

■ 按食用方式來分類：

1.烹調型食醋：酸度為 5% 左右，味濃醇香，具有解腥去羶助鮮的作用。適於烹調魚、肉類及海鮮味等。若用釀造的米醋不會影響菜餚的原有色調。

2.佐餐型食醋：酸度為 4% 左右，味較甜，適合拌涼菜，蘸吃，如涼拌黃瓜及做點心、油炸食品等，有較強的助鮮爽口作用。

3.保健型食醋：酸度較低，一般為 3% 左右。口味較好，以每天早、晚或飯後服一匙（10 cc左右）為佳。一天共喝 30cc，可起到防治疾病的作用。製醋蛋液的醋也是屬此種，但酸度濃度為 9% 左右，其保健效果更明顯。

4.飲料型食醋：酸度只有 1% 左右，在發酵過程加入糖及水果等，形成醋酸飲料，具有清涼去暑、生津解渴、增進食慾和消除疲勞的作用。此型的醋飲料一般具有酸甜適中、爽口不黏等特點，為消費者所喜愛。在沖入冰水後可成為口感更佳的飲料。

穀物類釀造醋的製造流程

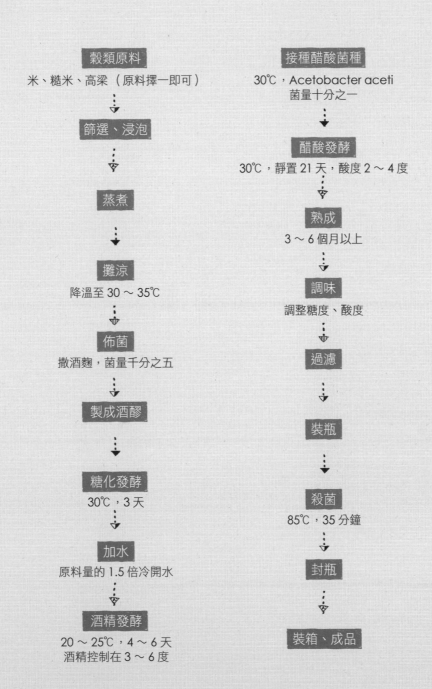

穀類原料
米、糯米、高粱（原料擇一即可）

篩選、浸泡

蒸煮

攤涼
降溫至 30 ～ 35℃

佈菌
撒酒麴，菌量千分之五

製成酒醪

糖化發酵
30℃，3 天

加水
原料量的 1.5 倍冷開水

酒精發酵
20 ～ 25℃，4 ～ 6 天
酒精控制在 3 ～ 6 度

接種醋酸菌種
30℃，Acetobacter aceti
菌量十分之一

醋酸發酵
30℃，靜置 21 天，酸度 2 ～ 4 度

熟成
3 ～ 6 個月以上

調味
調整糖度、酸度

過濾

裝瓶

殺菌
85℃，35 分鐘

封瓶

裝箱、成品

米醋

穀物類釀造醋的要訣

- 穀類酒麴之添加量，一般為原料量的 0.5% ～ 0.7%。

- 醋酸菌種的添加量至少要添加十分之一以上，越多越快，越不容易失敗。新手建議開始時用醋種 1：酒醪 1 的方式添加，連續 3 次，等該批菌種馴化後，即可以原料 10：菌種 1 的方式擴大培養生產。

- 接種醋酸菌時，酒精度的控制要在 5 度為最好，原料酒精度在 3 ～ 6 度皆可，只是會影響產出之酸度。

- 培養醋溫度最好控制在 30℃ 以上，故最好夏天大量釀醋，冬天進行醋的熟成動作。

- 釀醋時，前段的釀酒發酵與一般釀酒動作一樣，提早在酒精度 3 ～ 6 度時接醋種，日後完成的釀造醋會更香濃，也可以等酒醪完全發酵可蒸餾時接醋種，不要在蒸餾時直接加冷開水或醋種稀釋酒精度成 5 度，再接醋種。

- 接醋種後，若採靜置發酵，原則 3 ～ 7 天，表面會產生油光薄膜，進而產生如蜘蛛網狀的雪白薄膜，溫度太高時會產生淡粉紅色的薄膜，有些發酵條件不正確時，只會產酸味而沒有薄膜，這也沒壞，只要醋醪不要有發臭腐敗的味道出現即可，讓它繼續發酵。

- 靜置培養醋時，容易產生薄膜；通氣培養醋時，不會產生薄膜，而且發酵速度較快，最好用測酸度儀器來判定是否已完成可收成。

- 若要用薄膜來當醋種複製，要用沒有沉下缸的醋膜，醋膜若自然沉缸代表醋膜已老化，不適合做醋種用，但可加工做食品纖維用。

- 滅菌一定要隔水滅菌，不然風味較會改變，記得瓶蓋也要滅菌。

釀製方式＆製程

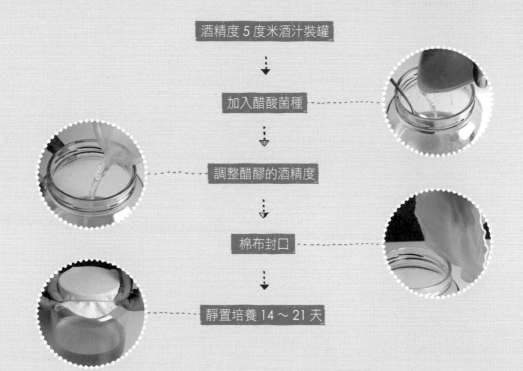

酒精度 5 度米酒汁裝罐

↓

加入醋酸菌種

↓

調整醋醪的酒精度

↓

棉布封口

↓

靜置培養 14～21 天

米醋

米醋味濃醇香，具有解腥去羶助鮮的作用，
適於烹調魚、肉類及海鮮味等。

家庭米醋 DIY 釀製法

成品份量 共 1100g
（1800cc 櫻桃罐 ×1 瓶）

製作所需時間 約 21 天

材料 米酒汁 1000 cc
（釀造過濾好未蒸餾的酒精度 5 度）
醋酸菌種 100 cc
冷開水

器具 容量 1800 cc 的櫻桃罐 1 個
蓋罐用棉布 1 塊
記錄用貼紙 1 張

做法

1 將櫻桃罐洗淨晾乾，然後加入已釀造好且經過濾、調整好酒精度 5 度未蒸餾的米酒汁 1000 cc（若無準確的酒精測量計時，可用經驗來判斷，米酒發酵若已 7～12 天且發酵中的酒液已呈清澈透明狀時，其酒精度至少在 9～12 度左右，故將其抽出之澄清酒液，稀釋一倍即可用。如：抽出 500 cc 發酵的上清液，另加入 500 cc 的冷開水即可做成醋醪）。加入醋酸菌種 100 cc，並同時與 5 度米酒汁攪拌均勻（往後皆不須再攪拌）。

米醋

2 加入冷開水，調整醋醪的酒精度。

4 此後皆採靜置培養，並在 30℃ 保溫培養 14 ～ 21 天。

3 蓋上消毒過的蓋罐用棉布，讓其櫻桃罐內透氣而又能防止異物或蚊蠅掉入。

5 每日觀察玻璃罐內的變化，約第三天表面會產生一層薄膜，然後表面薄膜會變成類橫隔膜狀，偶爾表面會產生氣泡，酸度會隨著時間而一直不斷產酸。

🍲 **注意事項**

★ 如果表面出現綿蜜皺摺白色菌膜，請輕輕將表面菌膜刮乾淨，並用 75 度酒精噴灑滅菌，可抑制白色菌膜產生，多餘之表面酒精不影響醋酸發酵，也會被醋酸菌進行氧化成醋酸。

★ 如果酸度產生到 1.5 度以上時，即可做菌種再複製繁殖擴大 10 倍量。此時也可當半成品，直接調整糖度、酸度、色澤變成成品供直接飲用。

★ 一般發酵產酸酸度在 6 度時，就會差不多停止產酸，若各項條件符合，最高產酸能力大約可達到酸度 9 ～ 10 度左右。

★ 成品出廠前，均需滅菌處理，用隔水加熱到 85℃（指醋液），滅菌 30 分鐘。

★ 目前市面上賣的醋酸飲料酸度大約在 4.5 度左右，飲用時須加冷開水稀釋 3 ～ 5 倍才不會傷身體。

★ 也可以將原料中的米酒汁 1000 cc，改用其他原料或用現成的穀類釀造酒或水果釀造酒成品。記得釀任何醋一定要在釀醋前要先調整原料中的酒精度。調好整個原料的酒精度平均到 5 度，再接種醋種（稀釋的酒精度只要在 3 ～ 6 度範圍皆可用）。

★ 醋酸菌較易污染其他釀造用的菌，故培養的設備器材最好單獨使用，並要滅菌乾淨。

★ 再擴大培養時，原始液種最多抽出 85% 液體，留 15% 做醋種，盡量不要去破壞表面菌膜，用長管子插過表面菌膜從底部抽出培養好的醋液或添加新的醋原料。

食醋的貯存法

■ 盛放或散裝醋的瓶罐，一定要乾淨無水分。

■ 在裝醋的瓶中加入幾滴白酒和少量食鹽，混勻後放置，可使食醋變香，不易長白霉，可貯存較長時間。

■ 或在裝醋的瓶中加入少許的香油，使表面覆蓋一層薄薄的油膜，可防止醋發霉變質。

■ 在裝醋的瓶中放入一段蔥白或幾個蔥瓣亦可起到防霉作用。

■ 醋不宜用銅器盛放，若銅質器皿盛放食醋會使同與醋酸發生化學變化，產生醋酸同等物質，對人體健康不利。

食醋的好處

釀造醋在食療方面的作用

■ 作為酸性調味劑：如：米醋、蘋果醋、白葡萄醋、紅葡萄醋。

■ 保健作用：早晚飲服 30ml 加 4 ～ 5 倍的開水飲用，或加入蜂蜜、 薑汁等 調製成飲料醋，如：梅醋、蜂蜜醋、鳳梨醋、薏仁醋、糙米醋、小麥胚芽醋。

■ 療效作用：

1.防止或消除疲勞。

2.具有預防動脈硬化、高血壓、增進食慾、幫助消化等作用。

3.美容作用：在洗臉水、洗澡水中滴入幾滴醋對皮膚有益。

■ 防腐作用：食醋在調味品中具有較強的防腐殺菌作用，能防止食物中的腐 敗菌的繁殖，而且對病源菌也有殺菌作用，如：傷寒病菌。

現代醫學認為食醋對食療養生有以下方面的作用：

■ 食醋能消除疲勞，因為醋中含有豐富的有機酸，可以促進糖的代謝，並使 肌肉中的疲勞物質乳酸和丙酮酸等被分解，從而解除疲勞。

■ 食醋能調解血液的酸鹼平衡，維持人體內的環境的相對穩定。

■ 食醋能幫助消化，增進食慾，提高唾液及胃液的分泌，有利於食物中的營 養成分的吸收，醋中的揮發物質和氨基酸等可刺激人的大腦神經，促進消 化液的分泌。

■ 食醋可以預防衰老，抑制或降低人體衰老過程中氧化物的形成。

■ 食醋可使食物中的維他命 C 安定，減少食物中的維他命接觸空氣時被氧化 的速度。

■ 食醋具有很強的殺菌及防腐能力，可以殺傷腸道中的葡萄球菌，大腸桿菌、 痢疾桿菌、嗜鹽菌等。

- 食醋可以增強肝臟的功能，促進新陳代謝。

- 食醋還可以擴張血管，有利於降低血壓，防止心血管的發生。

- 食醋可以達到減鹽的效果，使用醋可改變味道，使烹飪時鹽的用量減少，防止高血壓。

- 食醋可以增強腎臟功能，有利尿功能，並能降低尿糖的含量。

- 食醋還可以使體內的過多脂肪轉變成體能消耗掉，並促進糖和蛋白質的代謝，故可以防治肥胖。

- 食醋能擴張血管，可以增加皮膚的血液循環，起到美容護膚的作用。

- 食醋中還含有抗癌物質，由米醋加蜂蜜和礦泉水的飲料，長期飲用對胃癌有較好的作用。

- 食醋可增強或改變食物的味道，使油膩的東西爽口，使味道潤滑而美味。

食醋的最佳飲用量：

- 以碳水化合物為主食時：每餐至少需攝取 0.6 ～ 1g 的醋酸，相當於 4% 酸度的 15 ～ 25 cc。

- 以油脂類為主食時：每餐至少需攝取 1.5 ～ 2g 的醋酸，相當於 4% 酸度的 38 ～ 50 cc。

- 以蛋白質為主食時：每餐至少需攝取 1 ～ 1.5g 的醋酸，相當於 4% 酸度的 25 ～ 38 cc。

- 每天喝的最佳方式：取 30 cc 釀造醋加冷開水 20 倍稀釋，當飲料喝。

- 實用的作法是將一瓶 600cc 的礦泉水，倒出 30cc 礦泉水，再加入 30cc 釀造醋，蓋瓶蓋搖勻即可。一天就喝此一瓶，當開水喝。

如何分辨醋好壞

選購醋時應以下面幾項鑑別其品質：

■ 看顏色：優質的醋應要求為琥珀色、紅棕色或黑紫色、有光澤。

■ 聞香味：優質的醋具有芳香酸味，沒有其他氣味。

■ 嚐味道：優質的醋酸度雖高而無刺激感，酸味柔和，稍有甜味、不澀、無其他異味、回味綿長、濃度適當。

■ 優質的醋應透明澄清，濃度適當，沒有懸浮物、沉澱物、霉花浮膜。

■ 醋從出廠時算起，瓶裝醋 3 個月內不得有霉花浮膜等變質現象。散裝的 1 個月內不得有霉花浮膜等變質現象。

■ 假醋多以工業冰醋酸直接對水製成，顏色淺或發黑，開瓶時酸氣衝眼，無香氣，口味單薄，除酸味外有明顯苦澀味，常有沉澱及懸浮物。

米醋在烹調中的使用方法

醋的味酸醇厚，液香而柔和，在中國的烹飪中是一種不可少的調味佳品。不論是烹制醋溜類、糖醋類、酸辣類、涼拌類菜餚，還是吃小籠湯包、水餃、涼拌面時均常使用食醋調味。

食醋的酸味主要來自醋酸，不同的食醋其醋酸的含量不等，一般酸度大約在 4 ～ 10 度之間，例如：萬家鄉的水果醋酸度為 4.5 度，工研的陳年醋酸度在 10 度，而在台灣販賣的鎮江香醋酸度在 5.5% 以上，山西的老陳醋的醋酸含量則可高達 11 度。食醋中除了含醋酸外，還含有其他一些營養成分，如乳酸、葡萄糖酸、琥珀酸、胺基酸、糖、鈣、磷、鐵、維生素等

食醋應用在烹調中的好處

■ 調合菜餚滋味。

■ 增加香味。

■ 去除不良氣味。

■ 可減少原料中維生素的損失。

■ 促進原料中鈣、磷、鐵等礦物質的溶解,從而提高菜餚中的營養價值。

■ 食醋能調節和刺激人的食慾。

■ 促進消化液的分泌,有助於食物的消化吸收。

■ 食醋是調製糖醋味、荔枝味、魚香味、酸辣味等複合味的重要原料。

■ 在炸、烤類動物原料外層抹上醋和麥芽糖等,能增加製品的酥脆度。

■ 食醋具有抑制害菌和殺菌的功能,故可用於食物和原料的保鮮防腐。

■ 在原料加工中,食醋可防止果蔬類原料的氧化變色,例如:將馬鈴薯浸在
水中,加入 10g 食醋就能保持其原有的顏色而不會褐變。

■ 食醋可使肉類軟化,是一種較好的軟化劑。

米
醋

醋的食用禁忌

　　吃醋不宜過多,《內經‧素問》記載:「醋傷筋,過節也」。《本草綱目》中也有記載食醋:「多食損筋,亦損胃」、「骨酸屬水,脾病勿多食酸,酸傷脾,肉縐而唇揭」。故患傷者不宜多吃醋。現代醫學證明,醋酸有軟化骨骼和脫鈣的作用,故骨傷病人吃醋後會使傷處感覺酸軟,疼痛加劇,影響骨折復合。

　　在日常的生活當中,吃醋的量不宜過多,一般來說,成人每天可食用20 ～ 40 cc,最多不要超過 100 cc(指酸度在 4.5% 左右的醋,一般喝的時候皆須稀釋 4 ～ 5 倍的冷開水,避免傷了口腔與喉嚨),老弱婦孺及病人則應依據自己的體質情況,適當減少份量。如果為了治病而無限制地飲醋是不可取。因為現代醫學發現,過量飲用醋會有礙鈣的代謝,使骨質疏鬆。即便是正常人,在空腹時也不宜過多攝入食醋,以免損傷胃部。另外膽結石的病人若吃醋過多可能誘發膽絞痛,因為酸性食物進入十二指腸後可刺激其分泌腸激素,引起膽囊收縮,產生膽絞痛。還有服用某些藥時不宜吃醋,如:黃胺類的藥物在酸性環境中容易形成結晶,會損害腎臟。

檸檬醋（水果浸泡醋的認識）

時間醞釀下的有益飲品

　　一般而言，醋的釀製分兩大類：釀造醋與浸泡醋。釀造醋又分靜置釀造法及深層流動釀造法。民間家庭一般因考量設備資金的投入太過龐大，都採用靜置釀造法，直接用大陶缸採露天釀製，發酵時間長，較容易汙染，但醋的香氣較佳。企業界生產為了生產量及經濟效益，都採用大桶深層流動發酵，主要是產量可加大，生產較不占空間，發酵時間縮短很多，採用科學方法生產管理及純菌種接種，因條件控制得宜，較少產生汙染，而且可大量生產，但缺點是其香氣較不足。

　　由於浸泡醋簡單、容易，所以普遍流傳於每個家庭中，尤其台灣在每個時節裡盛產各類水果與蔬菜，只要掌握 DIY 的通用規則，就可以釀造出各種水果與蔬菜醋。將自己釀的醋調和成醋飲，或者入菜調味，在每日的飲食中增添健康與美味。以下為浸泡醋（水果、蔬菜類）DIY 法的通用規則，學會它就等於學會所有的浸泡醋。

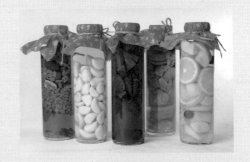

🎒 原材料（約可做 600g 手工果醬）

· 各種各式水果，如檸檬、梅子、李子、水蜜桃、蘋果、金桔、柳橙、百香果、葡萄、楊桃、草莓、桑椹或綜合水果………等。

· 陳年醋的酸度在 6～10 度，或米醋、高梁醋（醋的風味要中性較淡的香氣）。

· 特砂糖、冰糖、麥芽糖或果糖皆可。

🎒 原材料配料比例

水果 1 台斤：糖 1 台斤：醋 1.2～2 台斤

（最重要是陳年浸泡用的醋要淹過浸泡物為原則）

📦 容器

以陶瓷缸最佳，廣口玻璃瓶次之。切勿使用鐵器或塑膠之容器。（不鏽鋼容器可用，最好用 316 材質，304 不銹鋼材質仍不夠耐酸性。）

⚙️ 做法

1. 將水果去梗、去蒂、洗淨後，擦乾或讓水分滴乾、晾乾或瀝乾。

2. 果粒較小者，如梅子、葡萄、金桔等，不必切片或切塊直接使用。果粒較大者，如蘋果、檸檬等，用切薄片或切丁、切塊，以增加浸泡接觸面積。

3. 去籽（核仁）或不去籽皆可，沒去籽的水果浸泡後，有時會產生杏仁味或微苦味，視個人口味而定。

4. 將水果放入瓶缸容器內，再加入特砂糖，最後才放入醋。或不加特砂糖，直接加醋先浸泡，熟成後再加特砂糖。

5. 浸泡的器材或原料要防止有水分殘留，才不容易變質變味或污染。

6. 若要保持浸泡水果表面的原狀，可在浸泡一個月後再加入特砂糖一起浸泡，或將浸泡水果撈起後再加入特砂糖，再持續浸泡 10 天左右。

7. 若浸泡缸瓶中有放入特砂糖時，偶而攪拌或搖動，以使特砂糖加速融化。

8. 浸泡期間，放置於陰涼處，日曬雖可縮短時間，但易被污染。浸泡的第一週最好每天攪拌或搖動一次，以加速互溶。

9. 若用酸度 6 ～ 10 度的陳年醋浸泡，則浸漬時間約 45 ～ 60 天；若用酸度 4 ～ 6 度的浸泡醋則浸漬時間約 4 ～ 6 個月；若浸漬期間每天搖動瓶或缸，可加速熟成，約 15 天即可飲用。浸泡太短，風味出不來，香味較淡。浸泡太久，液體會較濁，水果香味不見得最香醇。適當浸泡時間最好。

食用方法

■ 只飲用浸泡汁液，水果渣棄之可惜，可以做蜜餞加工。

■ 食用時，取 30 cc 汁液，加入 3 ～ 5 倍水稀釋（冷熱皆宜），其沖泡量依個人口味而定，最好取 30 cc 加 570 cc 冷開水混勻飲用。

注意事項

■ 水果也可以先用果汁機打成水果汁後再與醋汁混合浸泡。

■ 浸泡用的醋添加量一定要淹過水果表面，水果表面如果沒有浸泡到醋，會產生褐變，表皮會褐黑色，觀感不佳。所以如果水果太輕會浮於醋汁表面時，要用竹篾、陶瓷盤或不鏽鋼壓片將水果壓入醋汁液下面，讓水果能全部浸漬在醋液中。

檸檬醋

釀造各種水果醋操作要點

- 選擇原料：選擇成熟又有香氣的水果較佳，最好至少要有八分熟度，主要取其水果熟成的芳香風味，品種並未限定，糖度愈高者愈佳，因醋酸釀造需先經酒精發酵，原料糖度愈高，則所需添加的特砂糖愈少，對降低生產成本多有助益。然而仍須留意原料的新鮮度，雖不必使用上等水果原料，但仍應盡量避免使用腐爛原料，縱使原料有瑕疵，在清洗篩選、破碎過程中也需盡可能的去除。

- 清洗篩選、破碎：有瑕疵的水果原料需篩選、切除、整形，去除腐損部分，以降低帶入雜菌污染的可能性，並避免腐損果肉影響發酵風味。經篩選後的水果可利用機械(破碎機)或人工方式加以破碎，使其果肉與種子分離，並將果肉搗成漿泥便於發酵的更快速更均勻。

- 調整糖度：由於醋酸釀造前須先經過酒精發酵，一般成熟水果的糖度約為 13 ~ 16°Brix，在作為酒精發酵原料時，其糖度仍嫌不足，因此常需追加糖量。至於糖度應增加到何種程度，除考慮其酒精轉換率外，也須考量滲透壓對酵母菌發酵力的影響。一般建議以不超過 25°Brix 為宜。發酵時，除添加特砂糖以外，也可添加一些微量元素，如磷酸鹽及維生素，補充酵母菌生長所需的營養。

- 酒精發酵：調整糖度後的水果汁液，可以採用大的陶磁甕、玻璃瓶或不鏽鋼容器盛裝，其裝填量不超過容器總容量的八分滿為宜，為避免酒精發酵時，因產生二氧化碳而將水果汁液滲出。進行酒精發酵時，為確保品質及有效掌控製程，以接種純粹培養的活性酵母菌較佳，其接種量約原料量的 0.05%（萬分之五），一定要先活化再用，而其發酵溫度不超過 30℃，經 3 ~ 7 天後可得酒精度 11% 以上的水果酒汁。發酵時尤須注意溫度不可過高，若所使用容器較大散熱不易，則須有冷却冷藏系統或攪拌設備。

- 稀釋：酒精發酵後的水果酒，其酒精濃度一般約有 11 ~ 13%，利用此等水果汁進行醋酸釀，常因酒精濃度過高而延長其釀造時程，而且也可能因

此造成醋酸菌被抑制或殺滅而影響水果醋的生成，所以須將水果酒的酒精濃度加以稀釋，可利用加熱冷卻後的軟水、冷開水或新鮮水果汁將酒精濃度降度調整至 3 ～ 6%，再行醋酸釀造。

■ 醋酸釀造：醋酸釀造時仍以接種純粹培養之醋酸菌為主，接種量約為原料量的 10%。醋酸釀造條件有別於酒精發酵者，在於酒精發酵是屬嫌氣發酵，而醋酸之生成則需有氧氣參與，才能使醋酸順利將酒精氧化成醋酸。釀造醋工程因此可分靜置法、通氣法等。以靜置法為例，可將調整酒精濃度的水果酒接入醋酸種菌後，以廣口桶或不鏽鋼淺盤分裝，盤面再以透氣材料包覆阻隔果蠅灰塵。其他條件如溫度及液面高度對醋酸生成也會造成影響，35℃ 時的產酸速率較快，但產品色澤及風味不佳，使用 25℃ 溫度發酵則產酸速率緩慢，所以建議仍以 30℃ 者為宜。由於醋酸菌屬好氧性菌，所以靜置發酵時，液面表面積大小極具關鍵性，液面高越小者〈接觸表面積越大〉其產酸越快，為了兼顧產酸及空間利用，則可以液面高於主原料 5 ～ 7.5 公分來進行醋酸釀造。水果醋的釀造除了靜置法外，有可以在發酵槽通氣培養進行，其重點仍在如何增加水果酒的含氣量，可在槽內舖設具有孔洞的填充床來增加基質及醋酸菌與空氣接觸的機會，或以循環噴方式改善。如果單純的通氣，即使發酵醪液循環，很難有效增加水果酒液內的含氧量。

■ 壓榨、分離：醋酸釀造之時程約 20 ～ 30 天，其醋酸量可達 6 ～ 7%。此時可利用壓榨設備榨出水果醋或用脫水設備將汁分離出來，不過若要繼續進行下一批醋酸釀造時，則須留約 1/3 量的水果醋供作種醋備用。

■ 澄清過濾：壓榨後水果醋內因仍含有果膠質、菌體及較大顆粒，所以需經澄清過濾。可以添加果膠分解酵素，在 50 ～ 55℃ 作用 1 ～ 2 小時後，放置於 4 ～ 7℃ 冷藏過夜，令其凝聚沉澱後，再利用薄膜過濾或高速離心將凝聚之果膠質、菌體及粗顆粒加以去除。如果水果醋不經澄清過濾，則產品經存放後會呈現混濁狀，賣相較差。

■ 調整糖酸：可利用特砂糖或果糖調整水果醋之糖度及酸度，依產品性調配。

■ 殺菌：將調整糖酸後之水果醋分裝至清洗消毒過的玻璃瓶內，鎖上瓶蓋，利用沸水浴進行殺菌，當瓶內液溫達 85℃ 後維持 30 ～ 35 分鐘，旋緊瓶蓋倒置任其自然冷卻，此操作兼具瓶蓋殺菌效果所以不可省略，殺菌完的水果醋即可黏貼標籤並於室溫貯存。

　　水果釀造醋各步驟細節雖繁瑣，總而言之，需具備食品衛生安全之管理概念，以及對釀造用的微生物要有相當了解。水果醋釀造是以黃熟水果為原料（成熟水果風味較佳），經清洗篩選破碎後，調整其糖度至 22 ～ 25° Brix，再接種純酵母菌種於室溫發酵 3 ～ 7 天，然後將水果發酵液之酒精度稀釋為 5%，接入純醋酸菌種。在 30℃ 下靜置或通氣培養 20 ～ 30 天，經壓榨、澄清過濾、調整糖酸及殺菌後，即成水果釀造醋。

釀製方式＆製程 （釀造醋的一條龍生產方式）

原料

選擇好的水果，先清洗、
去梗、去皮或去水分晾乾

榨汁

可用專用之絞碎分離機、
果汁機或用手工捏碎

調糖

將水果發酵的糖度調整至
12 度，約可產酒精度 6 度

滅菌

先以 70℃ 減 30 分鐘滅菌，以減少雜菌汙染。利
於醋酸菌發酵。在民間的釀製幾乎都省略此步驟

接水果酵母菌種

接菌種量為水果或果汁的萬分之五，
酵母菌須先活化再用

酒精發酵

依發酵溫度而定，
一般約 5 ～ 7 天即可

檸檬醋

滅菌

接醋酸菌種

醋酸菌的接菌種量為
原料液的十分之一

醋酸發酵

適氣候溫度而定，
一般 21 天即可完成

壓榨過濾

濾去菌膜，取其澄清液用

熟成

以陳釀增加其風味

裝瓶

注意先洗瓶及乾燥瓶後，
殺菌再用

滅菌

成品

檸檬含有豐富的維生素 C，浸泡
成果醋後具有預防感冒的效果。

浸泡檸檬醋食譜

⚖️ **成品份量**　約 3300g
（500g×6 瓶裝）

🕐 **製作所需時間**　約 60 天

🧺 **材料**　檸檬 1kg
陳年醋 2kg（醋液至少須淹過水果）
特砂糖或冰糖 0.25 ～ 0.5kg

⚙️ **做法**

1 將整個檸檬洗淨後自然晾乾，去蒂頭與尾部，切片（橫切直切皆可），保留果皮與種籽。

2 將檸檬片放入乾淨的玻璃瓶中。

3 加入特砂糖或冰糖。

4 再加入釀製好的米醋。

5 將蓋子蓋緊，浸泡時間約 60 天。

🍲 **注意事項**

★ 不需要用榨汁方式浸泡。

★ 如果可以接受，浸泡水果時，盡量不要先加特砂糖一起浸泡，等浸泡熟成時或調成成品時再加特砂糖處理，會較健康方便好用。

★ 可先浸泡檸檬一段時間，再加入特砂糖。也可一起加入浸泡。

★ 由於檸檬內含的檸檬苦素會使醋略帶苦味，嗜甜者可以酌量放入冰糖提味，不過不宜過多以免造成身體負擔。

★ 飲用方式：每次取 30cc 果醋，並以 3 ～ 5 倍的冷開水稀釋後飲用，每天都可以飲用，若晚上飲用記得要事後刷牙以避免牙齒的琺瑯質遭破壞。

食用檸檬醋的好處

　　檸檬含有豐富的維生素 C，浸泡成果醋後具有預防感冒的效果，此外還可生津健胃，潤腸通便，促進尿酸代謝，強化肝臟的機能。

如何分辨時用醋的好壞

一般的成品醋應該是液體清澈，不允許有濁物狀，味道要協調、清香無異味，隨著酸度的高低，辣嗆味會有所差異，但不應有刺鼻味。

其他水果醋的製作方法

桑椹醋

材料　桑椹 2kg
特砂糖（或冰糖）0.5kg
陳年醋 0.25kg
（醋液至少須淹過水果）

注意事項

★ 桑椹要選擇顏色呈粉紅色或暗紅的較佳。過熟或太澀浸泡出來的效果會不好。

★ 桑椹果醋喝完之後，剩下來的果粒不要丟掉，加入適量的特砂糖後，就可熬製成果醬，或變成好吃的桑椹蜜餞。

做法

1. 桑椹洗淨、洗水量不宜太大、過猛。

2. 放置陰乾晾乾瀝乾。

3. 最好製作時用湯匙舀起桑椹，因為桑椹汁液易沾手染色。

4. 用一層桑椹撒一層糖的方式或桑椹倒入容器約一半的量時，即可加入0.5kg特砂糖。主要是均勻加特砂糖。

5. 將陳年醋倒入容器中，加滿至瓶口為止。

6. 緊蓋容器，放置陰乾處約 3 個月就可加冷開水稀釋飲用。

食用桑椹醋的好處

　　桑椹中鐵和維生素 C 含量高，可補血，產後婦女或血虛體弱者可多吃。神經衰弱及失眠者，氣血往往比較虛弱，食用桑椹也有好處。

鳳梨醋

材料　鳳梨 1kg
　　　　陳年醋 2kg
　　　　（醋液至少須淹過水果）
　　　　特砂糖（或冰糖）6 ～ 8 兩

飲用方式

★ 每次取 30cc 果醋，並以 3 ～ 5
　倍的冷開水稀釋後飲用，每天都
　可以飲用。

做法

1. 把鳳梨清洗乾淨後晾乾，連皮帶肉
切成塊狀，也可將皮跟肉切開，不
過鳳梨的皮與肉都要一起入醋浸泡，
因為果皮中有豐富的酵素。連皮帶
肉的缺點是日後鳳梨皮難以分離，
鳳梨肉無法再利用。所以建議鳳梨
皮與肉分開切的方式，但可同時放
入陳年醋浸泡，熟成後，鳳梨皮可
丟棄，而鳳梨肉可再做加工利用。

2. 將鳳梨放入後，最後再加入冰糖浸
泡即可，浸泡時間約 60 天。

食用鳳梨醋的好處

　　鳳梨中豐富的酵素可以促進食慾幫助消化，協助清除宿便改善便秘，且
可緩解喉嚨痛、尿道炎及膀胱炎，此外也能預防結石與退化性關節炎。

葡萄醋

材料　葡萄 1kg
陳年醋 2kg
（醋液至少須淹過水果）

做法
將新鮮葡萄洗淨之後自然晾乾，連皮一起放入陳年醋中浸泡即可，浸泡時間約需 60 天。

注意事項
清洗葡萄時要注意別將果蒂去除，以免髒水滯留在蒂頭處。

飲用方式
每次取 30cc 果醋並以 3 ～ 5 倍的冷開水稀釋後飲用，每天都可以飲用。

食用葡萄醋的好處

　　葡萄醋具有消炎利尿、安胎、淨血等功能，也可預防血管破裂出血，提升肝功能及抗氧化。

柳丁醋

材料　柳丁 1kg
陳年醋 2kg
（醋液至少須淹過水果）

做法

1. 將整個柳丁洗淨後，切開，連皮帶籽直接放入陳年醋中浸泡即可。
2. 也可將柳丁去皮、去囊，留下果肉，直接放入米醋中浸泡。
3. 浸泡時間約 60 天。

注意事項

由於芸香科植物表皮有豐富的精油與檸檬苦素，泡醋後略帶苦味，這是正常現象，苦韻後會有回甘的口感。

飲用方式

每次取 30cc 果醋並以 3 ～ 5 倍的冷開水稀釋後飲用，每天都可以飲用。

食用柳丁醋的好處

柳丁醋能活化體內堆積的酸性物質及黏膜廢物，幫助消化、止咳化痰，緩解支氣管發炎，並有抗過敏及防止動脈硬化。

檸檬醋

〔 金桔醋 〕

材料　金桔 1kg
陳年醋 2kg
（醋液至少須淹過水果）

做法

1. 將金桔洗淨後自然風乾，將整顆金桔直接放入陳年醋中浸泡即可。
2. 最好將洗淨的金桔，用牙籤將皮刺破幾個孔，讓醋液較容易進入，風味會較完整。
3. 浸泡時間約需 60 天。

飲用方式

每次取 30cc 果醋並以 3 ～ 5 倍的冷開水稀釋後飲用，每天都可以飲用。

食用金桔醋的好處

　　金桔，藥性甘溫，能理氣解鬱、化痰、生津止渴，金桔蜜餞可以開胃。金桔果實含有豐富的維他命 C、金桔素等成分，對維護心血管功能、防止血管硬化、高血壓等疾病有一定的作用。含有豐富的維生素 B、C、P、有機酸、礦物質、胡蘿蔔素、黃酮類化合物、檸檬苦素、醣類與粗纖維，釀成金桔醋後，可消除疲勞、提神醒腦、幫助消化且有止咳的作用，豐富的維生素 C 還有預防牙齦出血及養顏美容的作用，怕酸的人可以在果醋內加入冰糖提味。

楊桃醋

材料　楊桃 1kg
陳年醋 2kg
（醋液至少須淹過水果）

做法

將楊桃洗過後瀝乾，切成半圓形或星形皆可，直接放入陳年醋中浸泡即可，不須去籽，浸泡天數約 60 天即可。

注意事項

★ 使用傳統的楊桃果實，非改良鮮食又甜的果實。

★ 果實越成熟越酸越好。

飲用方式

每次取 30cc 果醋，並以 3 ～ 5 倍的冷開水稀釋後飲用，每天都可以飲用。

食用楊桃醋的好處

　　楊桃含有豐富的維生素 A、B₁、B₂、C、礦物質鉀及有機酸醣體，對於氣管及喉嚨很有幫助，釀成醋後具利尿解毒、潤肺退火功能，可改善喉嚨痛與聲音沙啞症狀。不過，建議常有尿路結石者或男性少喝。

[薏仁醋]

材料　薏仁 1kg
陳年醋 2kg
（醋液至少須淹過水果）

做法

將薏仁洗淨瀝乾，將整顆薏仁直接放入陳年醋中浸泡即可，浸泡時間約需 45 天。

飲用方式

每次取 30cc 薏仁醋，並以 3 ～ 5 倍的冷開水稀釋後飲用，每天都可以飲用。

食用薏仁醋的好處

薏仁醋是由薏仁釀造的醋，兼具薏仁祛濕、通絡、美白與醋的功效。

Chapter

2

米麹
類

［ 米豆麴 ］

釀製品的重要媒介

　　在台灣目前因大環境已改變，要像祖先一樣再用自然方式釀製米麴類產品，充滿變數較不可行。讀者應改變釀製方式，用純菌種來釀製，只要了解生產過程，自己會控制發酵溫度，在冬天寒冷的天氣培養一樣可行。米麴菌大概分兩種：味噌麴與醬油麴。一般味噌麴是淡蘋果綠色，俗稱長毛菌，而醬油麴則顏色較深綠色，俗稱短毛菌，切記不可與綠黴菌搞混。在我的實務經驗上，其實兩支菌種都可以混著用，發酵出來的麴會較金黃色，用於釀製豆腐乳及味噌會有很棒的效果。另外也可藉發酵時間的控制，在發酵過程中菌絲的顏色長到金黃色時，就讓它停止發酵。

　　米麴是米麴菌在煮熟的飯粒上發酵，成為白色、金黃色、黃綠色的發酵物，主要用途是用在釀酒及醃漬上。在日本是用米麴菌釀製清酒，在台灣則用米麴菌釀漬豆腐乳、醬冬瓜、醬鳳梨、味噌。

　　一般若用黃豆為原料，發酵完成後就是黃豆麴，也是傳統上所說的豆婆、豆粕。用在做豆醬、醃漬產品較多，如：豆腐乳、醬鳳梨、客家的豆汁醬。若要做醬油則需再添加炒過小麥以增加其香氣。若用黑豆為原料，就是黑豆麴，一般做醬油及豆豉較多。

傳統豆粕的製作方法

材料：

黃豆或黑豆（如要製作豆醬則採用黃豆，要製作豆豉則用黑豆）

製作方法：

1. 將黃豆或黑豆洗淨，浸泡 2 小時以上，蒸熟或煮熟（要熟透勿太爛），放置透氣良好的容器（如竹編的盤）攤開舖平，厚度約 1 公分左右，約 2 顆豆了重疊的厚度，再以棉布、樹葉或竹編的容器覆蓋遮光放置陰涼處發酵，要隨時注意發酵溫度。

2. 發酵約 1 週左右陸續會在豆的表面長出白色到黃色到黃綠色的菌絲，俗稱長青菇，顏色應為綠色夾雜黃綠，會有一股發酵的麴香味道（此表徵並非壞掉，若發酵壞掉會出現阿摩尼亞的尿騷味）。

3. 發酵完成後，攤平散熱，移出日曬一天，即可收存，豆粕的發酵即大功告成。

4. 使用發酵好的豆粕時，先以清水洗淨去除青菇（表面菌絲）後，即可進入做豆醬、醬油、味噌、豆豉之釀製程序。

注意事項

以冷開水清洗除去表面菌絲（青菇）後稱熟粕，未洗的叫青粕，一般醬冬瓜、醬筍……之類，皆須藉豆粕的助力來發酵。

米豆麴

現代米麴的生產流程

原料米浸泡

使用在來米、糙米

↓

蒸煮

煮透且 Q，含水量約 37%
100℃煮 2 小時
或用義式快鍋煮 35 分鐘，
需熟透

↓

攤涼

飯溫度降至 35℃

↓

接米麴菌種

種量為原料米的千分之一
或 1 台斤米用 1g

↓

發酵

需做堆發酵，蓋白布保溫，
發酵時間進行 12 ～ 15 小時

↓

翻堆

溫度在 30 ～ 35℃ 時翻堆，
拌勻後再做堆，3 ～ 5 小時後裝盤

裝盤

溫度保持 35℃，菌點達 20%，
若太乾可噴水，裝盤 4～6 小時再翻堆

再翻堆

菌點達 40～50%，5～8 小時再翻堆

再翻堆

翻成堆，不再蓋布

米麴

出麴 4～5 小時，則可拌細鹽

拌細鹽

拌細鹽後可使用，此步驟不一定需要

加工醃製半成品

釀製豆腐乳、味噌、味醂、米醬時,都缺少不了米麴。

⌐食譜⌐

[米麴]

📷 **成品份量**　共1500g

🕐 **製作所需時間**　5～7天

🧺 **材料**　在來米 1kg
　　　　米麴菌（千分之一～二）1～2g

🗄 **工具**　竹盤 1 個
　　　　棉布 1 條

⚙ **做法**

1 要先浸泡在來米 1kg。

2 或用蒸斗將在來米蒸熟。

3 竹盤先用酒精消毒。

米豆麴

4 將蒸熟的在來米放入竹盤中攤涼。

5 加入定量的米麴菌。

6 用雙手床揉均勻。

7 若發酵溫度過熱，可以打成梯形。

8 若發酵溫度超過40℃，可以打成薄面。

9 打堆發酵。

12 初期要蓋布發酵。

10 將散飯粒趕至中間。

13 太冷時可加鋼盆助溫發酵。佈菌完成後在 33℃ 發酵室培養成米麴。

11 蓋上棉布，可隔離雜菌，也具有保溫效果，幫助發酵。

現代豆麴的生產流程

黃豆或黑豆

↓

清洗

↓

浸漬

↓

蒸煮

↓

攤涼

↓

佈菌

↓

床揉

↓

翻堆

↓

蓋布發酵

↓

黃豆麴或黑豆麴

釀製醬油及豆豉時，都缺少不了黑豆麴。

豆麴

〔豆麴〕

📷 **成品份量** 共 900g

🕐 **製作所需時間** 5 ～ 7 天

🍱 **材料**　黃豆或黑豆 600g
（如要製作豆醬則採用黃豆，要製作豆豉則用黑豆）
麴菌 1g

🍴 **工具**　竹盤 1 個
棉布 1 條

💠 **做法**

1 原料豆清洗、浸泡（使用黃豆或黑豆）。

2 蒸煮（煮透且 Q，瀝乾，表面不殘留水分）。

Chapter 2

3 攤涼（熟豆溫度降至 35℃）。接米麴菌種（接種量為原料米的千分之一或 1 公斤豆用 1g 菌種）。

4 床揉，讓麴菌均勻覆蓋每一顆黃豆或黑豆上。

5 發酵

需在竹盤做堆發酵，蓋棉布保溫，發酵時間進行 12 ～ 15 小時。

→翻堆

溫度在 38℃ 以上時翻堆，床揉拌勻後再做堆發酵。

→再發酵

溫度保持 35℃，菌點達 20%，若太乾可噴水，裝盤 4 ～ 6 小時再翻堆。

→再翻堆

菌點達 40% ～ 50%，5 ～ 8 小時再翻堆。

→再翻堆

翻成堆，不再蓋布，若長麴菌顏色達到黃綠色即可停止發酵。

→出麴乾燥

將發酵的豆麴攤散鋪平散熱，自然乾燥成黃豆麴或黑豆麴。

→加工醃製用的半成品豆麴。

愈陳愈香的料理佳釀

醬油在東方民族的調味品項中，扮演非常重要的角色。醬油之釀製，早期大都是家族事業，每個家族或每個地方的釀造技術多由某個師博把持，其技術往往是傳子孫不傳外人，由血脈相連的子孫代代相傳或由一派的師傅傳授下去，形成某一族群的釀造法。近代由於東西交流，不斷的做科學研究，現代的醬油廠均能以科學的方法、設備、衛生安全管理與標準品管檢驗來製造醬油。醬油有三種釀造方式：

釀造法：是以黑豆或是黃豆加小麥蒸煮後，培養麴菌製成之「醬油麴」，加入食鹽水再放入大缸內，經過日曬慢慢發酵約半年左右釀成。

速釀法：則是以黃豆粉類相關原料加上鹽酸分解，再以蘇打中和而成，只要3~7天即可完成，化學成分較重。

混合釀造法：是在前兩種方法中添加酸分解法（及）酵素水解所得者。

以前古法，是先將大豆蒸熱，放置7天後加鹽水，再曬太陽1個月左右，即為醬油。醬油可加入焦糖或其他香料調色，就成為加味醬油，如昆布醬油、柚香醬油等。如果將醬油發酵時滲出的醬汁加上少量的糯米汁蒸煮調製，就是醬油膏。

要釀出好的醬油，以下幾個因素是關鍵。

1. 麴菌：以 25 ～ 35℃ 且不太潮濕的環境最容易培麴，而好的麴菌可以確保培麴過程的順利，讓菌絲能扎實的深入豆子內部。不健康的麴菌會讓雜菌在培麴過程中進入，影響種麴的品質。早期台灣農村大都是利用夏天空氣中自然存在的米麴菌掉入已煮熟的飯粒來作為菌種來源，有的釀造廠會自己培養麴菌，現在大部分會從外部取得培養好的純米麴菌，通常釀製用的麴種都是釀造廠的秘密。

2. 原料：豆類原料與麥類原料的取得，與相互間的配比量，都會影響發酵效果與產品香氣、濃稠度、色澤。

3. 水質：醬油釀製過程中需要用到有很大比例的水，水質會影響微生物發酵的效率。

4. 濕度：環境或培麴室的溼度會影響麴菌的發酵情形，直接影響日後的成品率及香氣，這也是為甚麼都在高溫、濕氣較低的夏天季節釀醬油的原因。

5. 氣候：古法製作的醬油，在發酵時需要充足的陽光曝曬，歷經 120 ～ 180 天的發酵過程由陶甕自然調節，白天穩定吸收日光，晚上由陶甕本身散出溫度，所以充足日曬、溫差穩定又不潮濕的地方最為適合釀造醬油，這也是為甚麼在台灣古法釀製的醬油廠集中在中南部的原因，以彰化縣、雲林縣為最多。

6. 釀製師傅：在手工釀造過程中，4 ～ 7 日最重要的培麴時間需要依當時環境調整培麴室的溫度，而各個釀造廠所培養的釀製師傅就扮演重要角色。

　　純釀醬油美味的原因，是因為含有三種主要成分：胺基酸、有機酸、醣類。在發酵過程中所產生之蛋白質分解酵素，充分分解黑豆蛋白質，而轉化成基酸酯類，這即是黑豆醬油特有之濃醇香味之理由。豆類所產生胺基酸，也是醬油主要鮮味的來源；醬油的標準也以總氮量和氨基態氮來表示 (CNS 國家標準甲等醬油總氮量 1.2，氨基態氮 0.56)。有機酸會隨著釀製過程而增加，PH 值會由 6.5 降到 5.0 左右，醬油香味也逐漸生成。醣類約占 5%，產生微妙的平衡味覺。

釀製方式 & 製程

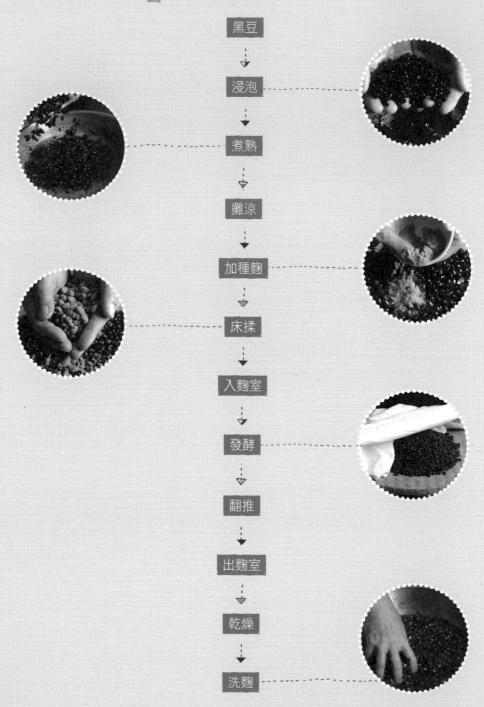

黑豆

↓

浸泡

↓

煮熟

↓

攤涼

↓

加種麴

↓

床揉

↓

入麴室

↓

發酵

↓

翻推

↓

出麴室

↓

乾燥

↓

洗麴

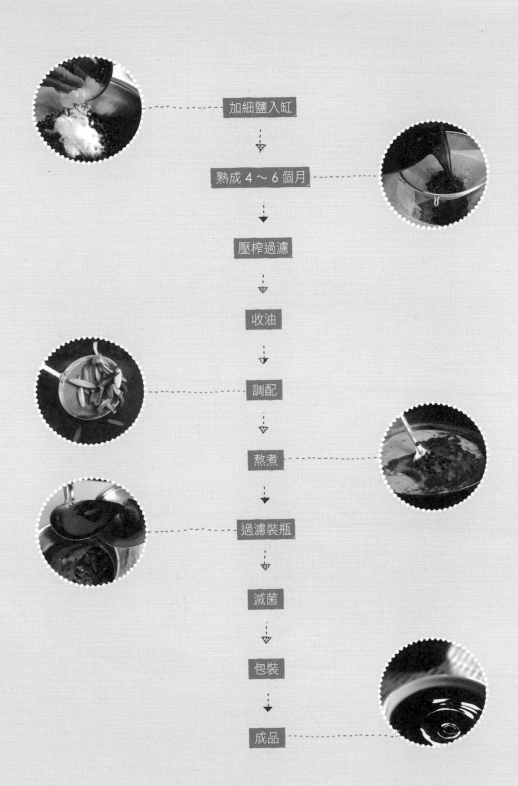

加細鹽入缸

↓

熟成 4 ~ 6 個月

↓

壓榨過濾

↓

收油

↓

調配

↓

熬煮

↓

過濾裝瓶

↓

滅菌

↓

包裝

↓

成品

醬油

純釀醬油在光下看呈透明感的深紅色。
搖晃瓶子時，沿瓶壁流下的速度較慢，
攪拌後泡沫綿密、不易消失。

⸙ 食譜 ⸙

📠 **成品份量** 共 1500cc

🕐 **製作所需時間** 約 3 小時

👥 **材料** 豆豉（醬油原料）600g
水 3000 cc
甘草片 10g
細鹽 100g（低鹽）～ 200g（高鹽）

⚙ **做法**

（醬油生產前半部步驟）

1 浸泡、蒸煮、冷卻
所謂的豆、麥醬油的原料，是指使用整粒黃豆或黃豆片粉加入炒過的小麥或麵粉。而黑豆醬油的原料，則只用黑豆，用整粒蒸煮。煮好的黃豆或黑豆降溫到40℃，便送到製麴室。

醬油

老一輩的做法是將發酵好的醬汁直接煮，不加放防腐劑，即成醬油；新的做法是調整醬汁的鹽度及香氣，再分多次煮滾滅菌，不一定需放防腐劑。

4 出麴、洗麴

洗去發酵好的黃豆麴或黑豆麴表面的菌絲，必須注意洗完後黃豆麴或黑豆麴的含水量或注意晾乾。

2 種麴

將米麴菌拌入或加入麵粉再拌入，與黃豆、小麥或黑豆混合均勻。

5 加細鹽入缸

利用細鹽的鹹度及防腐性幫助發酵，並用細鹽封口，隔絕空氣避免發黴汙染。

3 翻堆

溫度高於 38℃ 時就翻麴，發酵過程中需隨時翻堆以保持適當的溫度，靜置 3 ～ 7 天讓菌絲充分生長滲入黃豆或黑豆中。

6 發酵、熟成

約須經發酵（陽光曝曬保溫）120 ～ 180 天左右，得到生醬油。

生醬油加入特砂糖、甘草等混合物，經蒸煮熬製即成。最後再過濾、煮沸、殺菌、裝瓶，便完成醬油的製作。

◎ 做法

（運用半成品豆豉來熬煮醬油）

1 先將水 3000 cc 加甘草片 10g，煮滾浸泡備用。

2 將醬油原料（豆豉）一份 600g，加入已撈起甘草片的 3000 cc 甘草水。

（也可以先用果汁機打碎，或搗碎，可較快取得醬油精華。）

3 再加入 100g 的細鹽，用火煮沸。

4 當原料水煮滾之後，將火關至最小火。

5 繼續用小火熬煮約 1～2 小時即可（煮越久越香濃，但醬油量會減少）。

6 將煮過的黑豆粒或渣，撈起濾乾。

7 再用過濾網濾一次即可。豆渣可做豆豉再利用，整粒的黑豆可與炸過的豬油渣一起炒熟炒香，或炒小魚乾當作小菜或配菜。而黑豆渣則可調製成醬料用於醃製食材。

9 轉緊瓶蓋，再用吹風機熱風收縮瓶口。

10 瓶口鎖緊保存。

8 待醬油澄清後，再裝入瓶中。

🍲 注意事項

★ 自己 DIY 做醬油時，口味要甜、要辣、要鹹、要酸，可依自己口味的需求隨意做調整。要甘甜，可放黑糖或冰糖，也可以放甘草片或甘草粉；要辣，則要放新鮮紅辣椒，一起煮；要酸，則放點米醋、黑醋或魚露一起煮。

★ 如果要做醬油膏，則須先將原料煮好濾乾淨後，用 30 ～ 50g 的圓糯米粉下去一起熬煮。

★ 煮好，濾乾淨後裝瓶。開瓶後一定要放入冰箱保存，要食用再取出（此產品為低鹽產品且無添加防腐劑。）

食用醬油的好處

　　隨著台灣經濟發展，人們也逐漸開始重視飲食品質，食品健康和食品安全也倍受關注。目前市面上許多調味料，普遍出現鈉含量過高的情形，也就是產品所含的鹹度過高，雖然鹹度高利於產品的保存，卻不利於我們身體吸收的負荷量，如何減少我們不必要的負擔，最好就靠我們自己動手做。

　　黑豆、黃豆的營養價值大家都知道，尤其是人稱豆王之王的黑豆，它富含不飽和脂肪酸和卵磷脂，能強健血管，預防腦細胞退化；而異黃酮、花青素、維生素 E 更讓黑豆成為養生抗老的聖品。至於黃豆，是含有高蛋白和只含有礦物脂肪的有益食品，能直接降低血清膽固醇，對於心臟病以及抑制癌細胞都有效益。

食用醬油的功能

■ 平衡料理的香氣與味道

■ 去除肉類及魚類的腥味

■ 緩和口感鹹味

■ 抑制菌的生產。

如何分辨純釀與速釀醬油

市面常見的醬油種類有四種。純釀造醬油以天然原料的製程，對人體有益，而化學醬油容易產生致癌物質，應盡量避免食用。

■ 純釀造醬油：以黑豆或黃豆加小麥、細鹽為原料，蒸煮後，經過發酵，以米麴菌分解黃豆中的蛋白質而釀成。

■ 蔭油：製法類似純釀造醬油，但原料為黑豆，而且蔭油的熟成蔭油醪經過乾燥後，可得到一粒粒的蔭鼓 (豆豉)。

■ 化學醬油：用鹽酸分解黃豆蛋白質 (或其他蛋白質) 原料所製成。

■ 混合醬油：釀造醬油與化學醬油相混合，或兩種方法併用所製成的醬油。

純釀的醬油，可以從以下色、香、味、價格，四方面來分辨

色：在瓶中為黑褐色，倒出置於光下看則呈透明感的深紅色。搖晃瓶子時，沿瓶壁流下的速度較慢，攪拌後泡沫綿密、不易消失。

香：純釀造醬油約有幾百種香氣成分，加熱時會釋放香氣，如果聞起來刺鼻就是化學醬油。

味：純釀造醬油不會酸苦死鹹，而是甘鹹相宜。

價格：普遍價格較高，主要的是發酵時間過長，人工成本很高，如果真材實料則價格一定比調和材料的成本高。

豆豉（陰豉）

無法取代的陳年醬香

　　豆豉是以黃豆或黑豆為原料，接種米麴菌製成的調味品。它是利用米麴菌的酵素分解大豆蛋白質，達到一定程度時，即加細鹽、加酒、乾燥的方式抑制酵素的活力，延緩發酵，讓熟豆的一部分蛋白質和分解產物在特定條件下保存下來，形成具有特殊風味的發酵食品。

　　如果想要用半成品黑豆麴製作豆豉也可以。一般在梅雨季節過後，台灣傳統市場上即便開始賣米麴或黃豆麴或黑豆麴。一斤約 50～80 元左右，許多人用它來醃漬食物，如醬冬瓜、醬鳳梨，也可以再製作成豆豉、豆瓣醬、米醬或味噌。雖然市面上一罐賣價約幾十塊，相當便宜，但自己能 DIY 製作，就會多了一份安全、安心與成就感，而且醬的東西會愈陳愈香，是無法被取代的。

釀製方式 & 製程

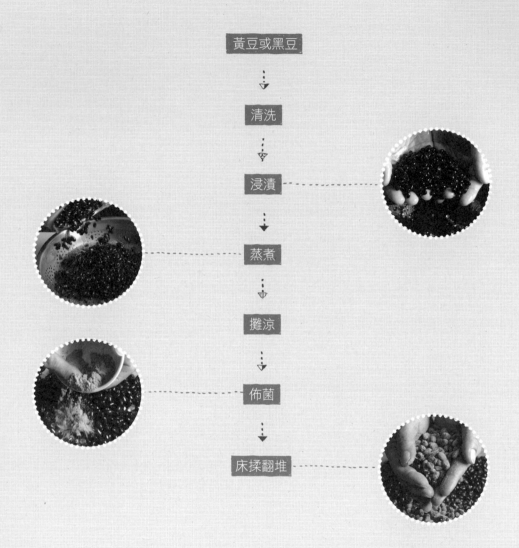

黃豆或黑豆

↓

清洗

↓

浸漬

↓

蒸煮

↓

攤涼

↓

佈菌

↓

床揉翻堆

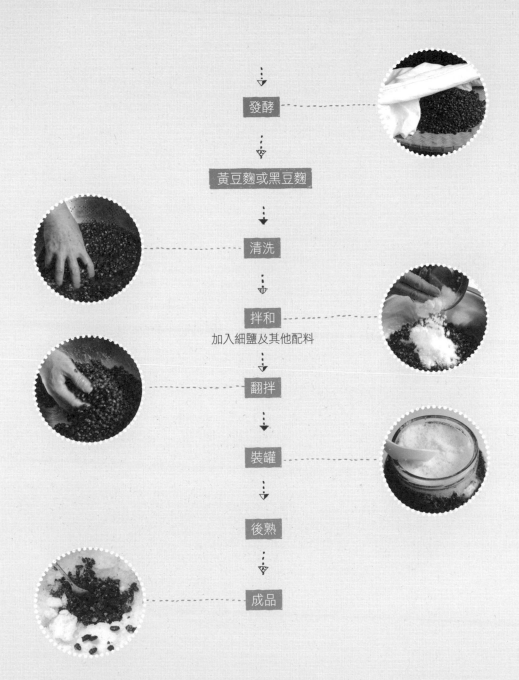

發酵

黃豆麴或黑豆麴

清洗

拌和
加入細鹽及其他配料

翻拌

裝罐

後熟

成品

豆豉

品質好的豆豉，顆粒鬆散，沒有破皮爛瓣，色澤呈
黃褐色或黑褐色，具有豆豉特有的香氣，滋味鮮美，
鹹淡適口，無異味、不酸、不霉。

『食譜 』

⬛ **成品份量** 約 1200g

　　　　　　（發酵時使用 1800cc 櫻桃罐裝）

🕐 **製作所需時間** 4 個月

🧑 **材料** 黑豆 600g

麴菌 1g

粗鹽（鹽封用）100g

細鹽（醃漬用）150g ＋（鹽封用）50g

冷開水 適量（淹過半成品黑豆麴）

⚙ **做法一**

先釀製黑豆麴

1 原料豆清洗、浸泡

使用黃豆或黑豆。

2 蒸煮

煮透且 Q，瀝乾，表面
不殘留水分。

豆
鼓

3 接米麴菌種
接種量為原料米的千分之一或 1 台斤黃豆或黑豆用 1g 菌種。

5 發酵
需在竹盤做堆發酵，蓋棉布保溫，發酵時間進行 12 ～ 15 小時。

→**翻堆**

溫度在 38℃以上時翻堆，床揉拌勻後再做堆發酵。

→**再發酵**

溫度保持 35℃，菌點達 20%，若太乾可噴水，裝盤 4 ～ 6 小時再翻堆。

→**再翻堆**

菌點達 40% ～ 50%，5 ～ 8 小時再翻堆。

→**再翻堆**

翻成堆，不再蓋布，若長麴菌顏色達到黃綠色即可停止發酵。

→**出麴乾燥**

將發酵的豆麴攤散鋪平散熱，自然乾燥成黃豆麴或黑豆麴。

→**加工醃製用的半成品豆麴**

4 攤涼床揉
熟豆溫度降至 35℃，將麴菌揉沾均勻。

⊙ 做法二

利用發酵好的黑豆麴（豆粕）製作豆豉或陰豆豉

1 將現成發酵做好乾燥的黑豆麴秤量好後，先用冷開水洗去黑豆麴外表過多的菌絲（約洗 2～3 分鐘，此步驟越輕巧越仔細越好），濾清濁水。瀝乾備用。

2 黑豆麴洗後濾乾用鋼盆裝，加入乾淨的冷開水，水量淹過黑豆麴，浸泡 20 分鐘以上，然後撈起吸飽水的黑豆麴，瀝乾。

3 將瀝乾後的黑豆麴，直接加入細鹽 150g。

4 將黑豆麴與細鹽攪拌均勻。

5 將拌好細鹽與吸飽水的黑豆麴放入乾淨的瓶罐中，表面刮平，再鋪上一層粗鹽 100g 做發酵的鹽封處理，以阻隔空氣中的雜菌進入。

豆豉

6 鹽封處理是用粗鹽平均鋪放置瓶罐口表面，平均鹽封厚度約1公分厚。

9 用塑膠袋密封瓶口進行發酵。

7 在粗鹽表面上再鋪一層細鹽約 50g 做表面細部孔洞鋪平鹽封，以防表面孔漏，無法阻止雜菌侵入。

10 發酵過程約 4 個月後，即可得味甘又香醇的陰豉。

8 用細鹽補平粗鹽殘留的孔洞。

🍲 注意事項

★ 在靜置醃製時，表面可能會因鹽度不夠，而有白色菌膜產生，雖仍算是正常現象，最好先處理後，表層再補撒些鹽，以防雜菌侵入。

★ 水洗乾豆麴的目的主要在於洗去豆麴表面覆著的孢子、菌絲和部分的酵素（加入）及雜菌，因為豆豉產品的特點要求原料的水解要有制約，也就是說在大豆中的蛋白質、澱粉能在一定的條件下分解成胺基酸、糖、醇、酸、酯等可構成豆豉的風味物質。一旦經過水洗去除菌絲和孢子可以避免產品有苦澀味殘留。同時洗去部分的酵素後，當分解到一定程度時，繼續分解就會受到制約，使代謝產物在特定的條件下，在成型完整的豆粒中保存下來。不至因繼續分解可溶物增多而從豆粒中流失出來，造成豆粒潰爛、變形、和失去光澤，因而能使產品保持顆粒完整，油潤光亮的外型和特殊的風味。

★ 豆豉製作最佳時機，在於端午節後至立秋期間。不在此時發酵出來的豆子容易有雜菌汙染或長不出菌，把握適當季節是 DIY 釀漬成功的法門。

★ 製作過程中，不能有任何生水滲入，否則會腐敗而前功盡棄。

★ 材料盡量選擇有機、天然。

★ 製作豆豉用玻璃罐裝時，只能裝到七八分滿，因為在發酵過程中汁液會漲滿溢出，所以預留空間是必要的。

★ 粗鹽比例可自行調整，可分次加入，中途掀開試味，不夠味可繼續加入。原則上鹹度不夠會變酸，但過鹹也不合乎自然，所以適度的鹽分是非常重要的。

★ 醃製發酵好的豆豉，若想要保持更久，可先打開瓶蓋，用隔水加熱滅菌方式，置於裝水的鍋中加熱，水滾後約 30 分鐘，再熄火，蓋緊，需靜置至少一個月讓其熟成，味道會比較柔順。

如何分辨豆豉好壞

品質好的豆豉，顆粒鬆散，沒有破皮爛瓣，色澤呈黃褐色或黑褐色，具有豆豉特有的香氣，滋味鮮美，鹹淡適口，無異味、不酸、不霉。

豆豉的食用方法

　　豆豉在料理上的運用非常廣泛，如清蒸豆豉魚、豆豉小魚乾、豆豉牡蠣、蒼蠅頭等，其特有的陳釀香氣能提升主食材的鮮美味道。將釀好的豆豉放入熱鍋中加水熬煮出醬油之後，餘下的豆豉與小魚乾一起炒製成豆豉小魚乾，就是一道下飯美味的小菜。

［豆豉小魚乾］

材料　豆豉 100g（依自己嗜口性增減）
　　　　小魚乾（丁香魚） 200g（依自己嗜口性增減）
　　　　新鮮紅辣椒 2 根（依自己嗜口性增減）
　　　　二砂糖 50g（依自己嗜口性增減）
　　　　沙拉油 150g
　　　　香油 50g

做法

1. 小魚乾洗淨、瀝乾備用。
2. 新鮮紅辣椒洗淨去蒂頭，剖半去籽，切絲大小長短與小魚乾相似。
3. 起油鍋，放入沙拉油，先炸小魚乾至酥，再炸辣椒絲，最後用油爆香豆豉。
4. 將炒過之豆豉與小魚乾、新鮮紅辣椒加入二砂糖、香油一起炒滾。
5. 降溫至 90℃ 後，裝瓶保存。

注意事項

★ 因豆豉基本上都很鹹，所以不必額外再加細鹽，反而需要大量的二砂糖來中和鹹度。

★ 豆豉需要有油炒過才會香。其實一般麴發酵類的產品，若要有好的特殊香氣，都要用油先炒過再利用，如紅糟、豆瓣醬，炒過再用與沒炒過就用，風味截然不同。

★ 小魚乾與新鮮辣椒用炸過處理，除酥、脆、香外，較容易保存，日後比較不會有臭油味。

〔 豆腐乳 〕

每一口都是綿密豆香

　　豆腐乳，客家人俗稱「豆腐飴」。豆腐乳是將豆腐切成寸丁，曬乾，加鹽、豆麴或米麴，天然發酵，自然熟成，封裝發酵加工。可以將豆腐的蛋白質轉化成胺基酸，並將豆腐的黃豆味轉化為香甘味道，由於耐保存、好下飯，也成了傳統家庭中的常見食品。

　　豆腐乳製作，各有各的獨門配方。而原料的酒、甜酒釀、紅麴酒糟、豆豉、麻油、香油或辣椒，都可以放進豆腐乳的醃缸中，至少需經三、四個月，才能精華四溢，甘醇可口，而且愈陳愈香愈甘。

　　民間普遍說法，豆腐乳最好吃的時間是，從製造日期算起，滿四個月到十八個月。十八個月起到二十四個月的口感，會略為偏鹹且顏色變深。過去的人製作豆腐乳，為了方便保存，大都重鹹味，改良後的豆腐乳，加重用糖，減少用鹽，符合健康概念，有傳統風味，又不失古風。

　　豆腐乳除了直接食用，它可以用來塗抹饅頭、土司，三明治，作為塗抹醬料用。另外豆腐乳醬還有不少妙用，它可以拌炒空心菜，可以做腐乳肉，可以蒸魚、炒箭筍，它和薑絲以及剁碎的九層塔拌勻後，最適合沾當作鵝肉、羊肉爐的調料，它還可以醬薑、醬小黃瓜、醬竹筍、醬大頭菜、醬蘿蔔、醬冬瓜……等，以及做黃金泡菜的秘密內容物。

豆腐乳的基本製作方法

1. 準備乾燥好的米麴：準備發酵好的米豆麴（米豆麴的詳細做法請看〈米豆麴〉篇的製作方式 P.128）。蒸煮在來米 →接米麴菌種 →發酵 →約 1 星期後乾燥可使用。 可依所需的量，直接從發酵好麴盤上的米麴秤取。如果是外面買的現成乾燥米麴，一定要清洗表面。

2. 準備特砂糖：米麴與特砂糖的黃金容量比例為 1:1（非重量的比例）。砂糖用特砂糖，成品顏色會較好看。不要用冰糖，太硬會破壞豆腐角表面，造成美觀問題，而且冰糖溶解較慢，若用二砂糖，豆腐的湯汁易酸，發酵顏色會較深。

3. 蒸煮豆腐角：豆腐角是專門用來製造豆腐乳，以老豆腐切成小塊，經粗鹽反覆醃過曬過，經過曝曬而成的乾豆腐，俗稱豆腐角。豆腐角的成品，一般都是死鹹味，不可以直接就用，一定要經過蒸煮後再用，味道才會協調，注意通風或冷藏保存，若不太乾時，千萬不要悶到，否則會產生異味而無法使用。

- 先確定製作當日所需之豆腐角數量，把乾燥的豆腐角六個表面稍為清洗，不要殘存鹽巴。若表面有紅斑點或紅線斑是豆腐蛋白質遭汙染變質，要清洗乾淨或直接用刀切除紅線斑。
- 洗完後把豆腐角排列放置蒸鍋內，蒸煮約 30 分鐘。以水滾蒸氣上來開始計時，作為蒸熟蒸軟的判定原則。
- 將蒸煮好的豆腐角冷卻，用吹風、晾乾。豆腐角一定要用蒸或直接水煮，不必擔心會煮爛，蒸煮過會讓豆腐角的組織變軟、鹽分鹹度才會均勻協調，又兼做原料消毒用。蒸煮後不用再曬，只要瀝乾放涼。
- 將豆腐角不切或切成所喜愛之大小，或配合瓶罐的大小而做調整。

4. 混合：將米麴與特砂充分攪拌混合。米麴與特砂糖比例為容量的 1:1。也就是 1 碗乾米麴對 1 碗糖來混合。

5. 裝罐：將使用之罐、蓋充分洗淨、最好前一天就將要使用的罐先洗淨晾乾，乾燥後再以酒精消毒之。

‧ 若用容量 450cc 醬菜空罐裝填豆腐乳的比例，原則每罐可內裝：

① 大豆腐角 4.5 塊（可切成 18 小塊）。

② 米麴或米豆麴約 100g。

③ 特砂糖約 80g。

④ 20 度米酒約 150cc。

(製作豆腐乳時，請不要再加鹽。傳統製作用一碗米麴＋半碗糖＋半碗鹽→死鹹。)

‧ 裝填用容量 (量杯或碗) 原則來計算。用重量計算會太鹹。

① 用 1 碗米麴，對 1 碗特砂糖，邊做邊攪拌均勻。

② 每瓶製作時，依序：一層米麴糖，一層豆腐角，一層米麴糖，一層豆腐角，再一層米麴糖。最後用雙手輕輕拍拍、抖抖發酵罐，不要敲桌面。

③ 加入 20 度的米酒約 150cc 左右，邊加入邊搖動，最後以慢慢填滿罐口為原則。

6. 成品：

‧ 用酒填裝滿，瓶蓋封口鎖緊就倒扣，一星期後再翻正，保存二個月以上。

① 倒罐七日後記得要將發酵罐翻正，置陰涼處，使發酵均勻更快速。

① 二個月就可食，半年最好吃。(醬汁顏色會從金黃色變成茶色。)

① 若要販賣或分享，請按政府衛生單位的要求，標示品名、內容物、製造日期、添加物及營養成分。

豆腐乳

豆腐乳製作要訣

■ 如果讀者是市面買回的乾米麴（豆婆），可用濾篩或濾網或竹盤盛裝，用 35℃ 的溫水或冷開水洗去乾米麴表面的菌絲，邊沖邊洗，然後瀝乾，不會滴水就可以了。

■ 豆腐乳的製作過程：在瓶底先放一層米麴加糖，然後一層豆腐角、一層米麴糖，最上層放米麴糖，再加滿 20 度的酒，待二個月後才能食用。裝罐時，米麴糖以半塞滿間隙為原則；米酒以塞滿整罐空隙為原則。豆腐角不要擺得太緊最好有空隙，方便在食用時，可隨時夾起，而不影響隔壁豆腐塊造成崩解。

■ 製作豆腐乳不一定要自己從生米發酵米麴開始，可用組合的方式製作。直接買現成的豆腐角用自己發酵米麴，或都是找有信用的廠家買現成的豆腐角和乾米麴皆可。自己在家中洗蒸豆腐角晾乾，再與米麴、特砂糖充分攪拌混合裝填。

■ 豆腐乳的變化種類：可視各人口味，於豆腐角裝填時酌量加味。最好放置於瓶罐的中間部位，或是加第二層米麴糖時，先加入紅麴米或是辣椒，可放在中間米麴糖上面。若加入紅麴米，可加 1 大匙（約 10g），也可加入 3% 的紅麴米，即可成為紅麴豆腐乳。若加紅麴粉，也可以放在最上層。若加入 1～2 條新鮮辣椒，要去籽切絲或切丁、切斜片，也可直接加乾燥的辣椒粉 1 茶匙（約 5g）。早期豆腐乳有用麻油封口，那是毛黴菌做的豆腐乳，與上面介紹的加酒封瓶罐是不同做法。

■ 如果豆腐乳夾起來會碎掉崩解，表示豆腐沒乳化好，有可能是加工時沒蒸煮殺菌過；或是最後加酒封瓶的酒精度太高，約在 40 度左右，會一開始就把米麴菌抑制殺死而沒辦法發酵；或是酒精度低於 10 度以下，因發酵力不夠，無法完全乳化這罐豆腐乳，造成是用醃漬的豆腐乳而不是用發酵的釀製豆腐乳。做豆腐乳的最佳酒精度是米酒 20 度。裝填倒米酒時，可利用茶壺或量杯補酒。

豆腐乳要如何變化口味

■ 若要變化添加不同口味,在第三層加入。

■ 若加紅麴,即可成為紅麴豆腐乳。

■ 或加乾辣椒、鳳梨、馬告,依各人口味酌量加入。

■ 另一種改變口味的最好做法,是釀製豆腐時,豆漿在製漿過程中即加入各式口味的漿汁,與豆漿一起凝結成豆花,再壓擠成各種口味與顏色的豆腐,會非常討喜。

豆腐乳的製作種類

　　台灣民間老一輩的長者,非常喜歡早餐吃稀飯配豆腐乳,而豆腐乳的製作種類也不多,共有兩大類,但都充滿先人的智慧。

　　第一種是用米麴菌為菌種釀製:俗稱豆婆,可有在來米或糙米單一種原料,或同時有黃豆、在來米或糙米等兩種原料一起混合用。這兩者沒太大的差異,依我個人的理解,應該是先人考量生產的成本與成品的美觀而出現原料選擇的差異,因為都是藉由米、豆為載體,讓米麴菌在高鹽、高酒精度的環境下,讓豆腐角能乳化、產生香氣。目前市面上看到的豆腐乳,如果是米、豆麴釀造的,基本上是較偏鹹的,如大溪鎮出產的豆腐乳、南部豆腐乳;如果是只用米麴發酵的,是較甜口的,如宜蘭縣出產的豆腐乳。我偏好此宜蘭式的做法,故在下個段落中將詳細介紹供讀者比較。

　　第二種是用毛黴菌發酵製作的豆腐乳,除平常配飯吃外,最常看到的是做羊肉爐沾醬,或打碎爛醃雞翅膀,特殊的香氣讓人難以忘懷。

　　毛黴菌豆腐乳的做法:是豆腐經壓榨去水,豆腐塊的含水量要恰當,勿過乾或過濕,會影響分割成型。用利刀將豆腐切成長、寬為 2.4 公分,

厚 1.25 ～ 1.4 公分的小塊。分割成型的小塊均勻排到發酵篩盤，然後放入
發酵室自然發酵。也可用人工接種毛霉菌，控制好接種量及發酵室的溫度至
28 ～ 32℃，濕度 88 ～ 95%，約經過 34 小時左右，豆腐塊會長出菌絲。經
發酵後，將濃厚的菌絲搓掉，用食鹽醃製，使其含鹽量為 12 個鹽度左右。
鹽豆腐胚裝瓶，加酒水、乾辣椒、麻辣油封住液面，鎖緊蓋，放入倉庫中熟
成。將倉庫溫度控制在 28 ～ 30℃，放置一個月左右即可發酵成熟，經清洗
擦拭瓶身，貼標即為成品。目前市面上看到的一瓶 15 ～ 20 元的各家出產
的四川辣豆腐乳就是這樣做的。由於目前毛黴菌沒有純生產菌種在賣，不建
議讀者以靠天吃飯的自然接菌法來做，如果想嘗試，可直接到國內的國家菌
種保存中心新竹食品工業研究所買純毛霉菌種試管，然後自己活化利用。

接下來介紹很典型的傳統宜蘭豆腐乳的釀製方法，讓讀者了解 50 年前
的阿嬤豆腐乳是怎麼做的。

2

如何分辨豆腐乳好壞

好的豆腐乳 應該要做到豆腐外形完整，完全乳化，有豆腐香味而沒有
酒精味或臭油哀味。

釀製方式 & 製程

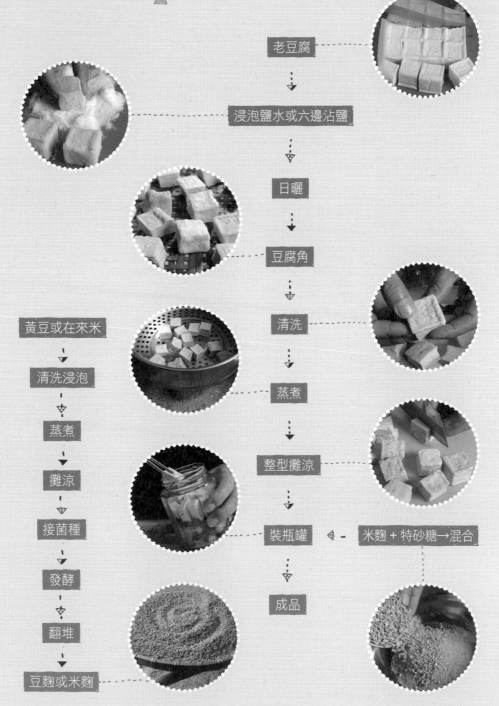

老豆腐

↓

浸泡鹽水或六邊沾鹽

↓

日曬

↓

豆腐角

↓

清洗

↓

蒸煮

↓

整型攤涼

↓

裝瓶罐　◁ー　米麴 + 特砂糖→混合

↓

成品

黃豆或在來米

↓

清洗浸泡

↓

蒸煮

↓

攤涼

↓

接菌種

↓

發酵

↓

翻堆

↓

豆麴或米麴

豆腐乳

經三、四個月釀製的豆腐乳，精華四溢，
甘醇可口，而且愈陳愈香愈甘。

成品份量　共 450g

製作所需時間　約 60 天

材料　在來米、糙米 150g
（或現成米麴，做法請參考 P.128）

板豆腐 4.5 塊

細鹽 90g

20 度米酒 150cc

特砂糖 80g

新鮮辣椒
（可用普通椒、朝天椒或不添加）

做法

1 將板豆腐買回來後切成小塊狀。

2 每一小塊的豆腐六面都沾上細鹽。

3 沾細鹽後，擺入竹盤日曬。

豆腐乳

4 日曬第三天豆腐表面微皺，水分減少許多。一直晒到豆腐角完全乾燥為止，收起備用。

7 將洗去細鹽分的豆腐角放入蒸籠裡蒸。

5 將備用的米麴，以1：1的比例加入特砂糖混勻備用。

8 用滾水蒸煮 30 分鐘，從蒸籠中取出。

6 製作前先用冷開水將豆腐角表面的細鹽分洗去。

9 蒸煮後的豆腐角切成長方形小塊。

10 將已洗淨且乾燥的玻璃罐，用酒精消毒。

13 再將豆腐角整齊排列在罐中間。

11 先在罐底鋪上一層糖米麴。

14 以一層糖米麴，一層豆腐角的方式鋪放。

12 將漂亮的豆腐角把在瓶罐最外面一圈。

15 若要額外放紅麴米或放辣椒，可放在中間層位置。（原則辣椒口味要中辣或大辣就放在玻璃罐中間位置，小辣放最上層）

16 一層糖米麴，一層豆腐角的方式鋪放置滿。

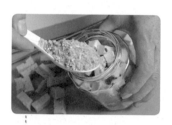

17 最上一層鋪上糖米麴。

18 最後再倒入添加 20 度米酒，倒滿醃至罐口。

19 鎖緊蓋子。

20 並倒置放一個月，一個月後再將玻璃罐放正，繼續再放二個月讓豆腐乳完全熟成，即可食用。

🍚 注意事項

★ 豆腐乳的釀製過程，任何原料、瓶罐都不能有一滴水分。

★ 靠自然空氣接種的米麴培養從開始煮飯到發酵完成，過程約需 7 天時間。

★ 鹽醃過的豆腐角須先蒸過再曬一天，再洗過豆腐角表面細鹽層再曬一天。

★ 以前乾米麴與特砂糖的混合比例是 5：3，現在一般添加量是 5：5。

★ 若要放辣椒，辣椒處理後要先曬過，一般的普通乾辣椒適用於口味小辣，乾朝天椒用於大辣，中辣則是用兩者混合用。

食用豆腐乳的好處

　　豆腐乳是一種軟硬適中的食物，是老一輩的飲食習慣，以及加上有懷舊情懷，所以在生活中不曾間斷缺少過。以前常有學者專家批評釀漬產品有致癌的可能性，我不予認同。發酵產物若受到雜菌汙染而不知，且又一再食用，自然有生病的可能。如果自己在控管生產過程，隨時注意到衛生安全，尤其是採用純菌種培養，而菌種又經過幾千年歷史見證過，沒有被汙染，何來致癌物的說法。如果產品是向外買的，廠商若不夠有良心，是可能製造出黑心食品，這也是本書公開製作配方，傳統與現代的製作方法比較，化難為簡，就是希望讀者可身體力行，自然能獲得自製的好產品。

豆腐乳的運用方法

- 配合三餐、清粥小菜食用。

- 用於沾醬，如羊肉爐沾醬。

- 用於醃料醬，如腐乳肉、腐乳翅膀。

- 增加特殊風味，如黃金泡菜，豆腐乳炒青菜。

豆腐乳

［ 味噌 ］

充滿豆香的醃醬料

目前民間普遍流傳，味噌對電腦使用率偏高的電腦族有一定的保健食療效果，造成近幾年來台灣各地賣場裡的味噌產品多樣化。

日本各地都有生產味噌，產品達數百種之多，有些生產味噌的工廠歷史達數百年之久，保持古色古香的風味，有些已脫離傳統大包裝走向方便安全的小包裝，針對上班族群與青年族群為銷售對象，形成一股風潮。

味噌是一種釀造食品，是將主要原料黃豆及白米，加入米麴菌及細鹽，經過一段時間發酵作用而成。其中，加入米麴菌的種類，加入米麴菌和細鹽的比例，發酵熟成時間的長短，以及發酵中額外添加其他原料等種種條件差異下，可以製出不同色澤、不同風味的味噌產品。

製作味噌的材料包含穀類及豆類，除了營養均衡、營養價值高以及膳食纖維豐富之外，其機能性功能也受到重視與肯定，而且全部添加的食材都可以用來料理，沒有廢棄物，是非常理想的家庭調味品及醃醬料。其風味溫和香醇，適用範圍很廣，除了做為味噌湯的材料之外，同時也是廚房中重要的烹飪材料之一，例如：味噌肉、味噌魚、味噌醃肉、醃醬菜等。

釀製方式＆製程

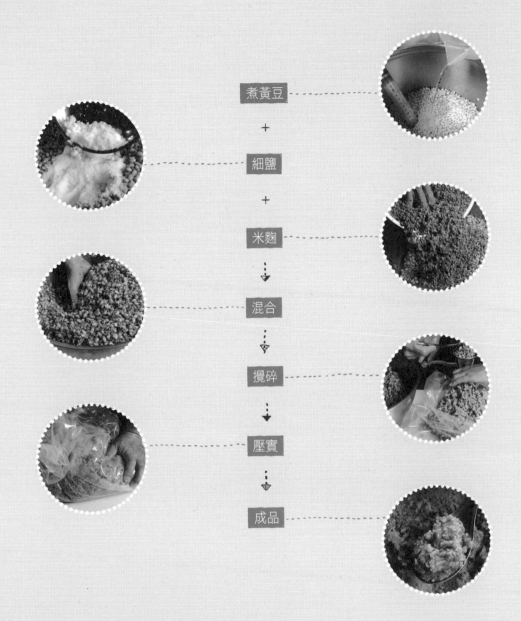

煮黃豆

+

細鹽

+

米麴

混合

攪碎

壓實

成品

味噌

味噌風味溫和香醇，是非常理想
的家庭調味品及醃醬料。

食譜

📷 **成品份量**　2500g

🕐 **製作所需時間**　20 天～ 6 個月

👥 **材料**　黃豆 1200g
在來米 1200g（亦可用糙米）
米麴菌（作米麴用）2g
（在來米 2 台斤 + 米麴菌 2g= 米麴）
細鹽（為白米及黃豆原料總重量之
12%～ 14%）288g

> **黃金比例：**
> 黃豆：在來米：米麴菌：細鹽 =
> 1：1：（0.002%）：（12%）

🔧 **工具**　竹盤 1 個（米麴生產用）
乾淨的棉布或紗布 1 個（米麴生產用）
裝麴盤或便當盒 1 個（不一定需要，
依加工量選擇適合之大小容器，直接
用竹盤亦可）
攪碎機或搗杵 1 個
乾淨適合容量的陶甕或玻璃罐或厚塑
膠袋 1 個（裝味噌發酵用）

⚙️ **做法**

1 **先釀製米麴 1200g**
準備在來米 2 台斤。蒸
煮在來米 →接入米麴
菌菌種 2g →發酵 →約
1 星期後米麴菌長成金
黃色即可使用。

2 將細鹽、黃豆、乾米麴
電子秤定量。

3 煮黃豆

蒸黃豆之前應先浸黃豆，而浸黃豆時間應配合米麴的完成時間處理。黃豆浸泡時間基本上至少需要 2 小時，也可先隔夜浸泡黃豆，然後再用蒸籠常壓蒸煮（煮熟時間依使用的器具而定，約 2 小時以上），或用快鍋直接蒸煮即可，添加水分至黃豆以上 1 公分（加壓煮熟可縮短時間，蒸煮時間約 30 ～ 40 分鐘）。

務必使黃豆變軟又全熟，煮熟程度為豆粒可輕易以拇指食指壓扁即可。

5 加入細鹽

加入細鹽的比例以「生的」原料做計算。

例如黃豆 2 台斤 + 米麴 2 台斤 =2400g。
2400g×12% = 288g。若製作米麴時，因為保存及抑制再發酵而有添加細鹽時，此時的總加細鹽量要扣除。

6 馬上趁熱拌勻，讓鹽因熱而快速溶解。

4 作醬醪

將蒸好的黃豆撈起後濾乾。

7 倒入竹盤攤開放涼，當熟黃豆溫度降至 35℃時才加入米麴。溫度太高加米麴菌會被殺死。

8 將鹹黃豆和米麴混合均勻。

9 放入攪碎機內絞碎即可，攪碎1～2次。

可攪碎一點，顆粒不要太大。(家庭少量生產者可直接用布包鐵鎚將煮好的黃豆搗碎，加入細鹽，然後再加入米麴共同搗碎，半成品變成醬醪狀)。此時醬醪的水分應為50%左右，如果水分不足，則須在混合時酌加冷開水或剛煮黃豆的黃豆水，最好加入少許的米酒。理想的條件是用手捏實下缸時，若鬆手應可維持硬實固狀，若隨即龜裂鬆散則須加水調整。理想水分約在48～52%之間，水分在45%過硬，55%則嫌過軟。

10 **壓實**

置入厚的塑膠袋內用手壓實。

11 袋內味噌壓成長方形。

12 塑膠袋依長方形折疊，最後袋口向上，上面壓重物。

使用透明塑膠袋代替下缸壓實的步驟，可隨時觀察發酵情形又能減少表面污染，厚一點的塑膠袋比較不會破損，袋口要滅菌，放置時一定要朝上放。一星期左右會出汁出油。

13 製作後的前 10 天發酵，每日最好整型翻壓約 5 分鐘。

可均勻充分改變組合，加強發酵較優環境，也幫助加速發酵。

14 製作後的 10 天，仍要不間斷地翻壓，以醬醪出汁不會碎碎，即可停止壓實。

15 成品

發酵一個月即可食用（若每天翻壓味噌醬醪，原則上 20 天即可使用）。味噌發酵完成天數，大約夏天 20 天、秋冬 30 天、冬天 40 天。

16 45 天後可以入瓶罐。只能用保鮮膜封口，不能真空包裝，10 個月至 1 年以上才能真空包裝。

入罐時，不要裝太快，要用圓頭小木棍層層壓實。不要有空氣，不要出現間隙。頂面留一點空間，放細鹽封口（細鹽封法可保存較久，使用時可同時直接使用）。

如何分辨味噌好壞

主要注意味噌整體的風味是否協調，包含是否有強烈的麴香味，鹹度與鮮度的協調感。存放太久，顏色一定較深，甚至出現有酒味。鹹度不夠，表面容易長黴菌，若不及時去處理則很快會產生異味。依顏色判斷，黃色至黃褐色皆具良好品質。

🍲 注意事項

★ 若直接用市面現成賣的發酵好的米麴米粒,其製作比率是黃豆900g、米麴600g、細鹽180g,買回來的米麴表面要用冷開水洗過、濾乾再用。

★ 做味噌醬醪時,若太乾,可直接添加煮過放涼的黃豆水來代替冷開水,也可添加20度米酒,注意加入的平均酒精度不要超過3度,以免影響後續發酵。

★ 若要留有顆粒狀,可以將黃豆2/3絞碎,保留1/3不絞碎即可。

★ 家庭製作味噌,多利用厚塑膠袋較不會污染,易觀察好照顧。

★ 由於味噌類的發酵食品鹹度不夠時,較容易發黴,須隨時注意保存方法。自製或買回來的味噌,都最好馬上放入冰箱冷藏保存。取用味噌時,使用乾淨、乾燥的器具,避免混入水或雜質,否則未用完的味噌很容易發黴敗壞。取用之後,將表面抹平,封蓋蓋緊,盡快再放進冰箱保存。

★ 製作「加味」的味噌時,加味料在「培養好的米麴與煮熟的黃豆及細鹽混合」時可一起加入。細鹽的添加比例要注意調整。

　· 味噌加味料的比例,可依自己的口味調整。

　· 味噌加味料的種類,可加入昆布、小魚乾、紅麴、抹茶粉、海苔等各種喜歡的口味。

★ 判別剛製作味噌是否太濕?

　用手掌抓一把已混合好的壓緊味噌料,掌心向上4指向內用力擠壓,指縫中未出水則表示醬醪料太乾,指縫有出水會滴下則表示太濕,若介於中間,指縫欲滴水又沒滴下來則表示濕度剛剛好。

★ 若味噌料太乾時,第一種選擇最好加入剛煮好的黃豆過濾下來的黃豆水,第二種選擇可加入少許20度米酒,第三種選擇加入冷開水加以稀釋。

★ 因為做味噌的米麴菌是活菌,雖有加細鹽,其鹹度不會讓米麴菌被殺死,還是會在有鹹度下繼續發酵。若發酵的10個月內用真空包裝,仍可能會爆罐。除非做滅菌處理。若有添加抑制菌則不在此限。

★ 米麴菌(Aspergillus oryzae)是一個東方傳統的發酵菌種,可以用於製造清酒、醬油、味噌與黃醬類等;米麴菌也常被利用於生產多種酵素,如澱粉酶及蛋白酶等;此外,米麴菌被美國食品藥物管理局(FDA)認定為GRAS的安全菌株,可做為基因轉形的宿主,用以生產基因重組酵素,所以米麴菌被認為具有生技產業開發價值的工業菌種。

味噌

★ 味噌加細鹽的比例，不要用煮熟的黃豆量計算。原料中的配方是黃豆：米麴 =1：1，指的是生黃豆：生在來米量。所以細鹽的用量是用生的原料來計算，其鹹度才會夠。

★ 製作味噌不需要加糖，其甜度的感覺來自黃豆的氨基酸及米的澱粉。鹹度在 13 度以上，只要包裝得宜，放 2～3 年都不會壞掉，不一定要放冰箱，但能放在冰箱保存是最佳的選擇。

影響味噌製作的關鍵因素

■ 以原料白米：黃豆 1：1 之黃金比例，製造味噌，可得風味色澤皆良好的產品。

■ 加入不同原料種類培養出的麴菌，如米麴、麥麴、豆麴，可做出不同種類風味的味噌，如米味噌、麥味噌、豆味噌。台灣及日本味噌中以米味噌居多，占八成以上，台灣人比較熟悉的「信州味噌」，就屬於米味噌。而豆味噌裡名氣最大的是愛知縣岡崎市特產的「八丁味噌」。

■ 味噌的種類及風味也以顏色作區別，這取決於味噌製作時的溫度高低，及發酵熟成時間的長短。一般來說，高溫製作且發酵時間（熟成期）愈長的產品，味噌成品色澤會愈深，反之，則愈淡。因此，主要分為「白味噌」、「淡色味噌」、「赤味噌」三類。

■ 若以口味來分，有甘口（偏甜、淡）、辛口（偏鹹）之別，這是在製作生產過程中依放入麴菌和細鹽的比例不同而定，麴菌放得多，屬甘口；細鹽放得多，屬辛口。

味噌的食用法

- 味噌是一種運用廣泛的調味品。除了味噌湯之外，味噌在台灣或日本家庭料理中的用途相當廣泛。從醃漬小菜（如漬白蘿蔔、漬小黃瓜、漬黃金脆瓜、自味噌魚）、料理的淋醬或拌醬、燉煮料理（如青花魚味噌煮）、燒烤料理（如西京燒）、到鍋類湯底等，處處有味噌的蹤跡。

- 在味噌湯裡加入自己喜歡的食材愈多樣愈好，喝一碗就足以提供多種營養，帶來整天的元氣精神，所以你也可以嘗試用幾種不同的味噌，調製出自己滿意的口味。下次再煮味噌湯時，可以學習日本人的做法，依循季節不同，盡情搭配各種食材，享受它們帶來豐富多變的滋味。

- 看來簡單平凡的味噌湯，也大有學問。台灣人多半在味噌湯中放豆腐、海帶、柴魚等材料，但是，日本人的味噌湯碗裡，卻是什麼食材都可以加。善用當季盛產、味道最好的食材入菜，因此，味噌湯的材料也依四季變化而有不同。

- 台灣人使用味噌，多半只用一種來調味，日本人常是混合兩種以上的味噌，單一味噌的味道往往缺少變化，可能不是偏甜就是太鹹，而混合搭配過的綜合味噌，比較能表現有層次又調合的味道。所以每個家庭都可以做出有獨門、屬於自家的味道，是別家沒有的風味與特色。

- 味噌醬可用於醃製醬菜或魚、肉使用或沾醬，其材料與做法如下：

材料
生味噌 1 台斤（600g）
40 度米酒 1 台斤（600cc）
糖（二砂糖）1 台斤（600g）

做法
1. 1 台斤生味噌加入 1 台斤 40 度米酒，先煮勻。
2. 再加入 1 台斤糖（二砂糖）再煮滾即可（此法較不易燒焦）。

備註：用二砂糖，顏色比較漂亮，用特砂糖亦可。米酒也可用 20 度米酒。

味噌

［ 味醂 ］

取代味精的天然調味料

味醂（味霖）又稱米醂（米霖）或米醂酒，另外也有人叫甜料酒。在日本算是獨特的再製酒，是日式料理中的其中一種料理酒。米醂酒起源於16世紀後半（日本江戶時代時期），日本的文獻中首次見到這個名稱的記載。最初是用來當作飲料，到了江戶末期時變成調味料。以日本的燒酒調製而成的。早在西元1697年，日本《本朝食鑑》一書便將米醂酒的製造方法記載下來，而米醂酒普及於民間則是在西元1804～1834文正年間。

米醂酒的日本漢字寫法為「味醂酊」或「美醂酒」，文獻記載的做法是，將蒸熟的糯米100份、米麴10～30份與酒精濃度40％的燒酒混和，使糯米中的澱粉經米麴酵素醱酵慢慢產生糖化作用熟成變成糖分，再經過壓榨所得出來的黃澄透明的酒汁液，並經過濾殺菌製成而為米醂。

剛開始是當做甜味酒飲用，江戶時代開始有廚師將它作為一種調味料，運用於料理中。故米醂酒除了可以生飲調酒外，大都作為冷熱料理的調味之用，尤其應用於魚及肉的料理。但味霖的缺點是煮太久會變苦，所以最好在起鍋前加入，而且不要熬煮太久。

米醂酒在日本又稱「本米醂」，因為它是真正的米醂，在生產過程中大都控制在酒精濃度13％、糖分38％，是糖分高的含酒調味料。主要產於日本愛知、京都、千葉、大阪等地。也有以米醂酒製成的調味酒，是將米醂與燒酒一起混和，由於米醂很甜，而燒酒不甜，故如此綜合便得酒精濃度22％、糖分8％的調味酒，可加上冰塊飲用，如同雞尾酒飲料般好喝。

另外，很多的味醂大約含有 14% 的酒精和 46% 的糖分（主要成分是葡萄糖），而且還含有游離氨基酸、縮氨酸和有機酸等，形成特有的甜味。它可以增加料理光澤，使食材呈現更可口的色澤、降低材料鹹度和酸度、避免食物煮爛等，比起白砂糖，味醂更可以增添料理的高雅甜味及香味，提升素材本身的美味。由於味醂的酒精分子很小，容易滲透到材料中，可以讓整道料理的味道均勻。此外，味醂單獨或和其他調味料一起加熱，會讓酒精、糖分、氨基酸產生反應，更增添料理的香氣和風味，其中的酒精還具有去除素材生青味的作用，但有時也可能破壞料理的味道，因此用量較多時，最好先將味醂煮開讓酒精揮發。另外，幾乎不含酒精成分的味醂，則不具有去除生青味的效用，所以加熱後也無法產生香氣和風味。

味
醂

釀製方式＆製程

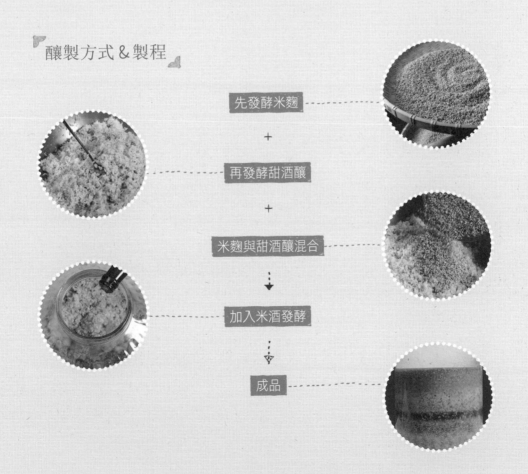

先發酵米麴

+

再發酵甜酒釀

+

米麴與甜酒釀混合

加入米酒發酵

成品

味醂的妙用無窮,能去腥、提味,
可以取代糖的角色,只要是清蒸的
料理需使用到糖時都建議使用。

🕐 成品份量　共 9 台斤

🕐 製作所需時間　60 天

🍴 材料　在來米 1 台斤（600g）＋米麴菌（千分之 1 ～ 2）1 ～ 2g（先發酵完成為「金黃色米麴」）

圓糯米 5 台斤（3000g）＋甜酒麴 30g（先發酵完成為「甜酒釀」）

酒精含量 20 ～ 40 度米酒 3.6 台斤（2100cc）（生米總量的 0.6 倍）

🍴 工具　20 台斤桃太郎玻璃罐 1 個

蒸籠 1 個

竹盤 1 個

棉布 1 調

鋼盆 1 個

酒精 適量

⚙ 做法

1 製作味酥的前一晚要先浸泡在來米 1 台斤及圓糯米 5 台斤。

2 第一天，先釀造米麴。將在來米蒸熟。

3 竹盤先用酒精消毒。

味酥

187

4 將蒸熟的在來米放入竹盤中攤涼。

5 加入定量的米麴菌。

6 打堆發酵。

7 蓋上棉布，可隔離雜菌，也具有保溫效果，幫助發酵。

8 太冷時，可加鋼盆助溫發酵。

9 佈菌完成後，在 33℃ 發酵室培養成米麴。

10 第一天同時間也將 5 台斤圓糯米蒸熟。

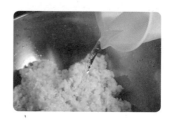

11 再攤涼，加入冷開水調整濕度。

12 飯粒打散成粒粒分明。

13 佈菌，加入 30g 甜酒麴拌勻。

14 取一洗淨乾燥的空罐，用酒精消毒瓶口。

15 將佈菌的圓糯米飯直接裝入大發酵缸。

16 在中間挖洞，幫助發酵，也便於觀察。

17 將罐口擦拭乾淨。

18 封口布用酒精滅菌，減少污染。

19 用橡皮筋封緊罐口，做好氧發酵。

味醂

20 發酵 3～5 天後，釀成甜酒釀。

21 第 3～5 天時，將已有金黃色菌絲的米麴飯與甜酒釀混合。

22 攪拌均勻。

23 放入洗淨乾燥消毒過的大缸中。

24 加入 3.6 台斤的 20～40 度米酒至發酵缸內，混合均勻發酵。

25 用酒精消毒蓋子。

26 將蓋口封緊。

27 之後每隔 3 ～ 7 天攪拌一次，約 40 ～ 60 天即熟成。

28 發酵完成時上面味醂液體會呈現清澈的金黃色或茶褐色，產品越放熟成顏色會越深，甜口香濃。

🍲 注意事項

★ 原料米的選擇可用糙米、在來米、圓糯米。不同地區原料都會影響味醂的風味。

★ 米麴與圓糯米的配比也會影響味醂的風味。

★ 最好酒精度添加介於 20 ～ 40 度。

★ 熟成時間的長與短，會影響風味與香氣、色澤。

★ 在味醂的生產過程中，在糖化熟成醪前 10 天，添加食用酒精或米酒，使其酒精度達到 20% 以上，並調整其甜味或酯味，可成為飲用型味醂。

★ 如果菜餚上使用量過多時，只需要先把味醂煮一陣子讓酒精揮發掉一些。還有味醂會緊縮蛋白質使肉質變硬，料理的過程中如果希望菜餚糊化程度降低，則味醂提早加入。相反，如果不希望菜餚食材太硬，則味醂晚一點加入。

味醂依顏色大致上區分為二種

1. 白味醂（俗稱米霖）：

因為一般的味醂是將蒸熟的糯米、米麴與酒精濃度約 40% 的燒酒混合，使糯米中的澱粉發酵後轉成糖分，經壓榨出來的黃澄透明的汁液，使用味醂可以取代白砂糖、味精，使料理美味可口甜而不膩，改善食物中的口感、腥味，更可軟化肉質增加食物香氣及光澤度。

2. 黑味醂（俗稱鰹魚味霖）：

由於黑味霖的黑色，應用於料理較不好搭配，因此一般從事餐飲業者大多會使用白味霖。而黑味霖的酒味較重，又摻有鰹魚，屬於葷食的調味料，基本上素食煮無法使用，又因為含有較重的鰹魚味道，不是一般國人能夠接受，時下若有餐飲業者使用的話，大部分也都是經過調合過的。

味醂（味霖）在日本依酒精含量大致上區分為三種

1. 本味醂（本）：

酒精成分含量約 13.5 ～ 14.5% 間，糖分約為 46%（主要成分是葡萄糖），另外還含有游離胺基酸、縮胺基酸、有機酸等，形成特有的甜味調味品。

2. 味醂風味調味料（風調味料）：

酒精成分約僅有 1% 左右，幾乎不含酒精，所以不具去除腥味及青澀味的功效，所產生的香氣也與本味醂有所差距。但可以避免課徵酒稅。市售產品以此最多。

3. 鹽味醂：

酒精成分在 8 ～ 20% 之間，每 100cc 含鹽 1.5g 的釀酵調味料。市面上較少販售。

食用味醂的好處

- 增加食物的光澤
- 降低食物的鹹度、酸度。
- 避免食物軟化，增加 Q 嫩。

- 醒味增鮮。
- 去腥味、青澀味。
- 延長保存。

如何分辨味醂好壞

味醂的好壞很難用肉眼去分辨，除非自己動手 DIY 做過並品嘗過真正的口味後才有辦法去分辨。目前市面上所看到的應該都是經過調整過的產品。因為現有販賣的味醂產品都會依據製造行銷成本的考量或法規限制作調整。例如味醂當調味料使用於料理時，則不須扣酒稅，若拿來當酒類喝，則酒精度超過 0.5 度就要扣酒稅。

酒稅的扣繳法是每超過 1 度酒精，扣 7 元釀造酒稅，所以在台灣市面上的味醂，基本上未含酒精度。而我們自釀的味醂則含有相當高的酒精。若要降低味醂的酒精度，可添加 20 度米酒，或用加熱法讓酒精揮發，或用蒸餾法將酒精去除並回收酒精再利用。

味醂的運用方法

味醂的妙用無窮,能取代糖的角色,只要是清蒸的料理需使用到糖時,都建議使用味醂,它的甜味雖然沒有糖濃郁,卻能充分引起食材的原味,具有提鮮、增加美味的功能,例如做照燒類料理時,味醂(味霖)便是不可或缺的調味料。

一般料理使用酒,主要是去腥,提味,防止異味產生,這些功能味醂都有,還有通常加酒料理能使食材變軟,但味醂卻另有緊縮蛋白質的特性,使肉質變硬,因此如想讓食材變軟就不要太早使用味霖,反之如事先加入味醂,就可防止食材煮糊,也可防止食材因蒸煮而崩裂,尤其是魚的料理。

日本師傅最喜歡在紅燒的時候,加入味醂,俗稱為甘露煮。在烹調時加入還能增添光澤,因此日本人在燒烤時通常會在食物表面塗上一層味醂,以小火慢烤,增加食物的光澤。如煮米飯有習慣滴沙拉油的話,建議也可以在煮飯時滴幾滴味霖取代沙拉油,不但能使米飯顆粒均勻增加光澤,更可使米飯有香 Q 的味道及口感。味醂的口味屬日式調味料,基本上就是調味米酒,有點甜味,顏色是淡黃的。若手邊沒味醂時,可臨時用米酒加點紅糖代替。雖然味醂在料理中可代替糖、酒,但它並不是味精。味精是由一些植物提煉且添加合成人工甘味劑,比較起來較化學,而味醂是酒加米類天然發酵而成,所以應該味醂會比較健康。

豆醬（黃豆醬）

炒、蒸、醃、拌料理的好搭檔

豆醬或是米醬是一種米麴或黃豆麴發酵後再調製的產品，常做調味品用。由於製作豆醬的原料中含有兩種米及黃豆的成分，再加上米麴菌的助發酵及鹽、糖的組合，成為一種特殊的調味品。深受大眾歡迎，尤其是成品的價格不貴，顏色討喜，廣泛用於蒸魚、炒菜，或用於沾醬皆適合。

早期的客家人只要是用黃豆麴或米麴再加工或延伸的產品都稱為豆或米醬，與現在稱味噌是同音，其實在現實中味噌是固態產品，而豆醬是半液態產品，味噌較鹹，豆醬較不鹹，由於價格較便宜，用途較廣。

在許多客家菜中，常添加豆醬，如同日本人喜愛添加味霖一樣效果。

釀製方式＆製程　黃豆米麴的釀製請參考〈米麴〉（P.128）篇作法

2

現成乾燥黃豆米麴 ------

↓

洗去外表多餘菌絲

↓

------ 加細鹽

↓

加入圓糯米煮成的稀飯中 ------

↓

------ 混勻

↓

入缸發酵 ------

豆醬顏色討喜，廣泛用於蒸魚、炒菜、
或用於沾醬皆適合。

食譜

📷 **成品份量** 約 3600g

（6000cc 的桃太郎罐 1 個）

🕐 **製作所需時間** 2 星期

🧺 **材料** 黃豆米麴（黃豆麴＋米麴）4 碗

圓糯米 1 台斤

水 5 台斤

細鹽 1 碗

☀ **做法**

先釀製黃豆麴

1 先將黃豆麴用冷開水洗去表面的菌粉及雜味，不必洗得太乾淨。然後將黃豆麴瀝乾，攤開晾乾或曬乾。

2 將米麴拌入黃豆麴中。

3 加入定量的細鹽。

4 將圓糯米加水煮成稀飯，不要太稀，保有飯粒皆可。放涼至35℃，將加細鹽的黃豆米麴拌入溫度已達35℃的圓糯米稀飯中。

5 攪拌均勻。

6 然後放入缸中發酵。若確實能保溫發酵約二星期後即可使用，一般約發酵在一個月左右即可以使用。若圓糯米稀飯較稀則發酵時間會較快。

7 取廚房用紙巾沿罐邊擦乾淨。

8 將封口布用消毒用酒精消毒。

豆醬

9 將罐口封好、蓋上蓋子。若是放在不透明的缸中，可拿出去曬太陽4～5天，再放回家中熟成。若是用透明的玻璃罐裝，可用不透明的布遮，再拿去曬，主要此動作是在讓此發酵有保溫增溫效果，讓太陽的熱可增溫，太陽的紫外線可殺瓶外的雜菌。

豆醬的運用方法

■ 在許多餐廳或家庭，在吃鵝肉時，皆以米醬做為沾醬，加入一些九層塔做配合，會非常可口又有特色。

■ 客家人在炒薑絲大腸時，也會配合米醬去拌炒，會突顯出特殊香氣。

■ 當醬油使用，尤其放太久時，醬香濃郁，顏色又深，熬煮過濾變成醬油非常好用。

如何分辨豆醬好壞

■ 成品中的汁液，應該呈現清澈感，顏色為黃色或金黃色，隨時間的熟成加深至茶色、咖啡色。

■ 成品的米粒或豆粒飽滿，香氣十足，保有鹹甘味。

■ 若表面開始出現白色菌膜，即表示保存環境改變，開始不耐放，撈除白色菌膜，做好全面消毒後，再添加些鹽分及米酒，封口時最好再做一次滅菌，千萬要即早食用完，此時放冰箱保存也效果不大。

豆醬料理食譜

薑絲大腸或薑絲炒杏鮑菇

材料
豬大腸 450g
（可改用杏鮑菇）
嫩薑絲 80g
辣椒絲 10g
蔥段 10g

調料
黃豆醬 1 大匙
特砂糖 1/2 大匙
米酒 1 大匙
細鹽 1 大匙
白醋 1 大匙
香油 1 大匙
粗鹽 適量

做法

1. 將豬大腸用粗鹽及麵粉洗淨，放入滾水中氽燙 5 秒鐘，撈起切成段狀備用。
2. 炒鍋燒熱，放入嫩薑絲，加入細鹽、特砂糖、米酒炒透，撈起備用。
3. 在做法 2 的鍋中再加入適量的油，再加入做法 1 與做法 2、辣椒絲、蔥段及所有調味料，用大火炒均勻。
4. 最後起鍋前，再加入白醋與香油拌炒勻即可。

豆醬燜魚

材料
A 黃魚 1 條
　九層塔 20g

B 薑末 20g
　蔥末 1 根
　蒜末 4 顆

調料
黃豆醬 2 大匙
特砂糖 1 大匙
米酒 1 大匙
水 600cc

做法

1. 黃魚洗淨，放於鍋中，乾煎一下備用。
2. 鍋燒熱，放入 B 料炒香。
3. 再加入所有調味料與做法 1 的黃魚，燒煮 10 分鐘。
4. 最後再加入洗淨的九層塔拌勻即可。

豆醬

Chapter

3

醃漬類

［ 客家桔醬 ］

令人開胃的清爽沾醬

　　酸桔是柑橘類大家族成員之一，是一種寬皮小桔，果皮色濃呈黃色，囊皮薄，果肉酸，果肉成熟期在 10 ～ 12 月，在台灣則大約在 11 月底～12 月中為量產期。酸桔主要產區在新埔、關西，以外銷日本為主，在楊梅、湖口、新埔、關西等客家市場才可能買到。一般讀者可透過新埔農會及關西農會的推廣股即可購得。

　　酸桔採收後主要製作成酸桔醬，也是一般說的客家桔醬，但是一般所說的金桔（沖泡紅茶或桔茶用）或金棗並不是客家人所說的酸桔，不過仍可做出桔醬，只不過不是本章所說的桔醬，在風味上會差很多。客家桔醬在口味上有原味的，鹹味的，也有一部分加辣椒變成辣味的，是一種非常天然，具有地區性的特殊佐餐醬料。

豆醬

▚ 製造方式 & 製程

酸桔
↓
清洗
↓
割裂 - - - - - - -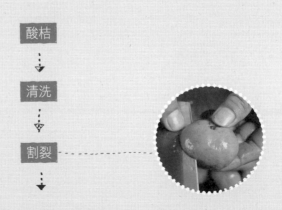
↓

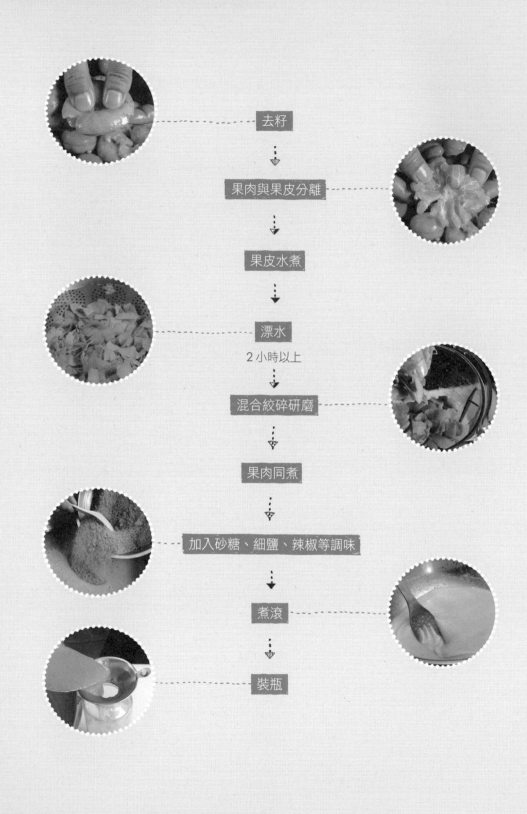

去籽

果肉與果皮分離

果皮水煮

漂水
2小時以上

混合絞碎研磨

果肉同煮

加入砂糖、細鹽、辣椒等調味

煮滾

裝瓶

桔醬屬於地區性的
佐餐沾醬，助開胃、
去油膩。

客家桔醬

食譜

🍲 **成品份量** 共2400g

🕐 **製作所需時間** 5小時

👥 **材料**　酸桔 1800g（3 台斤）
　　　　　二砂糖 600g（1 台斤）
　　　　　細鹽 1 大匙（28g）
　　　　　米酒 3 大匙（可以不加）
　　　　　新鮮紅辣椒 2 根（可以不加）

⚙️ **做法**

1 酸桔秤重洗淨，去除蒂
頭，瀝乾水分，用刀將
酸桔的腰圍直接用刀劃
一圓圈，但不要將酸桔
切成兩半。

2 從酸桔蒂頭中心往下
壓，擠出籽。

3 將果皮與果肉汁與籽徹底分開，不可有任何籽的存在。

4 將分離的酸桔皮放入湯鍋中，加冷水蓋過桔皮，煮到桔皮軟而爛（約需 30～60 分鐘）後，倒去水分，這個過程叫做殺青軟化。殺青後的桔皮要再用流動水漂洗 2 小時左右（也可以漂水一個晚上），以去桔皮苦澀味。

5 將殺青又漂洗過的桔皮瀝乾水份，放入傳統磨漿機或食物調理機中。

6 果肉汁一同放入磨漿機或食物調理機中（此步驟也可同時加入去籽的新鮮紅辣椒）研磨打碎，愈細愈好（若要更精緻些可再過篩）。

7 將酸桔醬放入不鏽鋼鍋中，放入定量好的二砂糖。

8 再放入細鹽及米酒，煮成泥狀。

9 用小火慢慢熬，邊加熱邊攪拌。

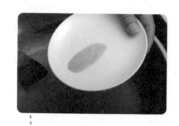

10 一直到全面煮滾，醬汁表面會冒泡，熬煮1～2小時以上。此時將一滴酸桔醬滴入傾斜的白盤中，如果不會快速流下，表示已經可以。

11 需趁熱裝瓶，等鍋中溫度降至90℃後，立刻裝瓶，密封倒扣。做好的桔醬可保存3個月，開瓶後需冷藏。

🍲 注意事項

★ 酸桔去籽的技巧：是用刀將酸桔的腰圍直接用刀劃一圓圈，但不要將酸桔切成兩半。然後用手同時上下擠壓即可將籽擠出，而且果肉果皮也可以很好分離。

★ 果皮要用水煮到手捏很容易爛為原則，嘗起來才不會有酸澀味。

★ 最好將處理好的果皮、果肉汁先絞碎，然後再磨細。

★ 鹹度可依自己口味做調整，本配方屬偏甜口味，做好後口味較協調，若減糖量酸苦澀味會較突出。

🚩 食用客家桔醬的好處

■ 桔醬屬於地區性的佐餐沾醬，在復古、極具地方特色菜餚日益受重視的狀況下，非常具有發展空間。

■ 可助開胃、去油膩。

客家桔醬的運用方法

■ 可使用於肉類、蘿蔔糕之沾醬，也可稀釋成桔醬果汁，預防感冒用。

■ 一般客家人喜歡在醬油碟中加入醬油之外，中間會再加入一些桔醬，因為醬油的鹹味可以調和桔醬的酸甜味，成為美味可口的沾醬。

■ 將高麗菜或青菜放入熱水裡燙熟後，直接沾桔醬吃，既簡單又開胃。

■ 雞肉或豬肉清燙後，切塊或切片，沾桔醬食用很美味，因為桔醬的酸甜味，可以讓雞肉或豬肉清爽不油膩。

■ 加辣味的桔醬屬於嗜口性風味，只要在研磨或熬煮時，加入新鮮辣椒或辣椒粉即可製作出辣味桔醬。

■ 原汁原味的酸桔醬倒入溫水中即變成果汁，感冒初期喝下，對預防感冒有很好的保健效果。

如何分辨客家桔醬好壞

★ 客家桔醬顏色為橙黃色，濃稀要適中好倒出，古早味一般是偏鹹味及辣味，現代的則是偏甜味及辣味，可微酸但不要有苦味及澀味。

★ 早期裝桔醬之瓶口較小，前段瓶頸皆加入 20 ～ 30cc 米酒封口以減少雜菌感染，現代因為有冰箱可保存，裝瓶口也較大，已無放入米酒封瓶的做法。

〔 番茄醬 〕

保存當季的甜蜜果香

果醬對大家都不會陌生，常用於塗抹吐司或餐包，現今更常用於蛋糕裝飾或中西餐擺盤裝飾，是一種將水果再利用的方式。新鮮的水果當然鮮食最好，但往往會有過剩情形或某些季節吃不到的狀況，於是就要藉重此保存的技術，隨時可享受美味。

果醬製作的基本原理主要是利用水果成熟後的果肉與果汁液，它所富含的天然果膠物質與果酸，經加工處理，添加冰糖、特砂糖、麥芽糖、蜂蜜等甜材料，加熱濃縮後，讓果膠、糖、酸溶合，達到一定比例的濃稠度而形成膠凍狀，自然冷卻後即凝結為果醬。

製作果醬的設備其實很簡單，家中的鍋具都可以用，要講究些，就用不銹鋼的鍋具。我喜歡用厚材質、直徑 38 公分的打蛋盆或圓盆，可作水果處理時的盛裝器具，又可直接放在瓦斯爐上熬煮，由於不鏽鋼盆底部表面積大，熬煮果汁水分揮發較快，而且好清理又耐刮，一個價格才 400 元左右；不像外傳煮果醬的最佳工具——銅鍋，雖然外型漂亮導熱快，但不耐刮，需用專門鏟勺防止刮傷，表面又容易氧化，許多人不會處理，尤其售價價格比不鏽鋼盆貴了近 20 倍。裝果醬時，許多專家都用水滴勺裝罐，這是不錯的選擇，為避免熱充填時果醬溢出裝不準，建議必備一個口較大的不銹鋼漏斗，放於罐口上充填，會很方便，也可節省很多清理時間，至於舀果醬的工具用現有的不銹鋼勺即可。

3

製作果醬的原料選擇，有以下四點須注意：

1. 盡量選用較成熟又有香氣的水果，有些水果皮可以吃，可連皮一起下去做。柑橘類的水果因皮有大量香氣，但又會有苦味時，可少量拋刮皮絲加入熬煮，但不可將白囊加入，如檸檬皮，柚子皮。有時因水果味道較淡，就可採用兩種以上的水果組合熬製，或加一些加味材料，如肉桂粉或茶粉等。

2. 糖的選擇：
盡量選擇味淡或顏色較淡，不會影響主體水果風味的。平常用的特砂糖就很方便，價格便宜而好取得；加麥芽糖只能做配角，可增加果醬的黏稠度及糖味的清香；蜂蜜的使用要慎重，只適合少數產品用。當然每個人的嗜口性很重要，沒什麼絕對是好或不好，自己或食用對象喜歡就好。

3. 果膠物質：
最好是水果中就有的種類，如果不夠，可從蘋果中熬出膠質來代用，或直接多加一些麥芽糖來增加濃稠感。

4. 酸性物質：
主要作用能使產品更爽口，調整 PH 值呈微酸，對產品的保存更有幫助。我習慣用新鮮的檸檬來增酸，很多人直接拿檸檬酸來調酸。我覺得用新鮮檸檬及自釀的醋酸來調酸是一個不錯的選擇。

傳統模式與現代模式果醬製作不相同。

傳統模式的果醬，重點在偏甜，是利用高糖度來作防腐保存，而且果醬成品的顏色較深，產品包裝較大罐。常使用的口訣是：一台斤水果，一台斤糖，用慢火去熬製。最後果醬糖度至少在 50 度以上。

現代模式果醬，採用降糖、調酸、調整 PH 值及冷藏方式來達到保存較久，做出的果醬色澤鮮豔可口，不太甜，可避免因為太甜而影響身體的負荷。產品走向多樣化，包裝精緻，容量都縮小。

除原料水果 1：糖 1 的傳統做法外，在此提供兩種基本做法給讀者自然選擇應用，都可以做出水準級以上的作品。

***

一般果醬標準基本做法

🍱 材料（約可做出 600g 手工果醬）

水果（如柑橘類）1000g

檸檬 1 顆

特砂糖 200g

麥芽糖 200g

⚙ 做法

1. 水果先洗淨，晾乾，若有皮的要削皮處理。如柑橘類水果，可以將橘皮削下一起製作味道會更濃，但不要皮下的白囊，此部位會有苦味。若要用整片皮時，橘皮需汆燙煮爛再漂水才可以用。

2. 果肉切小塊或打漿，並需去籽處理，再加入橘皮類以及足量的特砂糖和麥芽糖，不加水。開小火將果肉中的水分逼出，接著開大火煮滾，煮的過程中要不斷的攪拌讓特砂糖和麥芽糖溶解，避免焦鍋，也幫助加速揮發多餘水分。

3. 待煮滾後，再切整顆檸檬，擠汁，將汁全部入鍋一起熬煮，切忌加入檸檬皮囊與籽，否則會苦味，但若要有較多的檸檬香氣，可以刮一些檸檬的綠皮（但不要加白囊）一起熬煮。

4. 轉小火熬煮 1 小時左右，直到水分漸漸收乾成果醬即完成。

5. 熄火後趁滾燙裝罐，鎖緊罐蓋，馬上倒扣罐口，使罐內形成真空，冷卻後再擺正罐口，或再做第二次隔水滅菌處理。

***

果漿類水果的果醬精緻做法（以草莓類果醬為例）

材料

草莓 1 公斤

特砂糖 800g（可依比例放大）

器具

有柄鍋子 1 個

木杓 1 支

可測量至 110℃ 的溫度計 1 支

玻璃瓶 數個

作法

1. 將 1 公斤的草莓去葉、去蒂後，和特砂糖一起倒入鍋中以中火加熱，並一面攪拌。

2. 等到特砂糖溶化，滾沸後，撈出草莓顆粒，靜置一旁。

3. 在鍋中插入溫度計，繼續以中火加熱糖漿，直到糖漿溫度升到 105℃。

4. 取出溫度計，將草莓倒回鍋中，以中火加熱 3 分鐘後，熄火靜置 2 分鐘。

5. 再開火，讓草莓沸騰 2 分鐘後，再次撈出草莓，靜置一旁。

6. 在鍋中再插入溫度計，繼續以中火加熱糖漿，直到糖漿溫度升到 106℃。

7. 取出溫度計，再將草莓倒回鍋中，以中火加熱 3 分鐘後，熄火靜置 5 分鐘。

8. 再開火，讓草莓沸騰 3 分鐘後，再次撈出草莓，靜置一旁。

9. 在鍋中再插入溫度計，繼續以中火加熱糖漿，直到糖漿溫度升到 106℃。

10. 取出溫度計，再將草莓倒回鍋中，以中火加熱 3 分鐘後，熄火。

11. 趁熱將煮好的草莓果醬裝填入空瓶中，立即扣緊瓶蓋，整瓶倒扣於陰涼處，等到完全冷卻後，即可放入冰箱保存。

果醬製作注意事項

- 此種做法與傳統果醬做法不相同的部分是，不添加任何果膠，完全仰賴砂糖熬煮升溫過程中所產生的黏度，以形成果醬本身所需的濃稠感，並利用過程中反覆取出草莓的特殊技巧，一方面催出果醬的濃郁草莓味，一方面還能完整保留完整的草莓顆粒與絕佳的果肉咬感，是一種自然原味精神的一款果醬。

- 此種做法的特色在於，完成的果醬能夠保持完整的水果顆粒，故選擇水果時要選擇完整漂亮的才會有更佳的視覺效果。

- 熬煮過程中，最好要不斷攪拌並緩緩搖動鍋子，以免糖漿燒焦，但要注意不要因為攪動而破壞草莓顆粒。

- 要隨時撈去浮出的泡沫與渣渣，最後的成品才會漂亮。

- 最後的趁熱裝瓶與倒扣瓶才有殺菌密封的效果，切記不可省略，而且動作要快。

3

一般果醬製作的優劣觀察法

- 用人工香精、色素、糖、凝膠作出的果醬。價格便宜，產品可多樣化，但容易失真。

- 用天然果汁、果肉、香精、色素、糖、凝膠作出的果醬。價格中等，產品可多樣化，產品真真假假不容易失真。

- 用天然水果、糖、水果果膠作出的果醬。價格偏高，產品可多樣化，受水果季節性或區域性限制較多。

番茄醬製造方式&製程

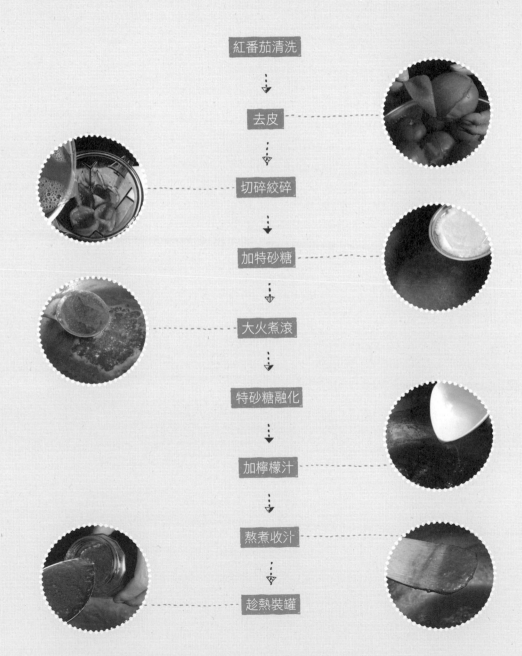

紅番茄清洗

↓

去皮

↓

切碎絞碎

↓

加特砂糖

↓

大火煮滾

↓

特砂糖融化

↓

加檸檬汁

↓

熬煮收汁

↓

趁熱裝罐

番茄醬

封口

倒扣罐口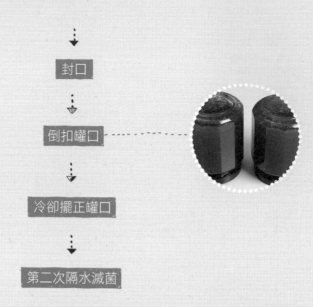

冷卻擺正罐口

第二次隔水滅菌

如何分辨番茄醬好壞

製作番茄醬時原料的選擇相當重要，番茄的品種會影響成品的酸甜度、色澤及香氣，而且加工方式也會影響，如含皮處理或去皮處理，用切丁方式或用研磨粉碎方式做出來的果醬也會不同，如果自己做過一次真正純的番茄醬汁之後，就會知道與市售產品的好壞區別。食品加工後產品好壞的判斷，基本上不脫離：色、香、味、格四大項類別。

色：指外觀顏色色澤是否是保持原料天然的顏色或轉換成較深色。脫離此範圍就有可能作假，是額外添加了色素。

香：指產品所呈現的香氣與原料天然的香氣是否符合。改變轉換的香氣增強或是減弱？協調性如何？是否有其他不屬於天然的香氣存在？

味：指產品加工後的味道與天然原料的味道轉換差異有多少？

格：是指產品與其主體原料是否符合，例如要做番茄果醬卻因火候不夠而生產出番茄濃縮汁，就是格（主體）不對，自然不算是好產品。

天然熬煮出來的番茄醬風味，與市售產品大不相同。

番茄醬食譜

📷 **成品份量** 約 700g

（350g×2 瓶裝）

🕐 **製作所需時間** 1.5 小時

👥 **材料** 　紅番茄 1000g

檸檬 1 顆

特砂糖 200g

麥芽糖 200g

⚙ **做法**

1 紅番茄先去蒂頭洗淨，
晾乾，將紅番茄底部皮
劃十字刀，以方便脫皮。

2 將已劃刀的番茄，放入
滾水中汆燙。

3 等底部劃刀的番茄皮
捲起才撈起。

Chapter 3

4 馬上進行剝皮。

5 整粒脫皮番茄切半，將果肉內的籽用湯匙挖出。

6 放入過濾袋內，將番茄汁搾出。

7 將果肉切小塊放入調理機中，再倒入番茄汁，打成漿。

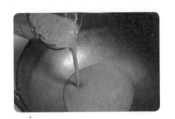

8 將番茄漿倒入鍋中。

9 加入定量的特砂糖和麥芽糖，不需額外加水。

10 開小火，將果肉汁中的水分逼去，並且溶解特砂糖及麥芽糖。接著用慢火熬製煮滾，煮的過程中要不斷地攪拌，讓砂糖和麥芽糖溶解，避免焦鍋，也幫助加速揮發多餘水分。

12 用擠壓器擠汁。

11 待煮滾後，最後再切整顆檸檬。

13 檸檬皮與籽不要下鍋，只要將汁全部入鍋一起熬煮（檸檬肉亦可少量加入）。

14 轉小火，熬煮1小時左右。

Chapter
3

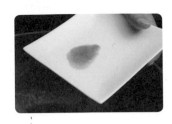

15 直到水分漸漸收乾成番茄醬。可取一個盤子，將熬煮的番茄醬滴在盤中，如果不會流動表示完成。

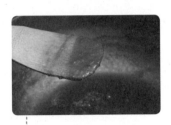

16 熬好的番茄醬接近果凍狀態。

17 趁熄火後，立即滾燙裝瓶。

18 鎖緊瓶蓋。

19 馬上倒扣罐口，使罐內形成真空，冷卻後再擺正罐口。

🍲 注意事項

★ 檸檬的籽或內白囊一定要去除乾淨，否則做出的果醬會有苦味產生。檸檬的汁主要
是幫助果醬做天然的降酸處理，藉此改變果醬的 PH 值，保存較久之外，同時也增
加風味。

★ 若要知道是否已經熬好果醬，可取一個盤子，將熬煮的果醬滴在盤中，然後將盤子
傾斜，如果很容易流動就表示水分太多，還需再熬煮一下。煮得越久，完成品會越
接近果凍狀況。熱的狀況果醬仍會流動，完全冷後，果醬應該不會流動。

★ 玻璃瓶及蓋一定要消毒。舊玻璃瓶可洗乾淨重複利用，但要注意舊馬口鐵蓋，容易
吸附異味及生鏽，最好更新用新蓋。如果洗不掉味道，再利用時會帶入異味。鋁蓋
可與玻璃瓶一起放入熱水中滾煮殺菌，塑膠蓋則可以採酒精殺菌。

★ 玻璃瓶裝的果醬，再沒有開罐的情形下，雖然沒有加防腐劑，放置室溫陰涼處約可
保存 3 個月以上，開瓶後未吃完放冰箱冷藏，最好 3 週內吃完。

★ 果醬裝瓶後，一定要將瓶口及瓶身擦拭乾淨，不要殘留任何甜味避免保存不易。

★ 若要作為送禮及銷售，可用紙或布封口，並裝飾漂亮絲帶，貼上標籤即可。

★ 番茄醬在製作的過程中，若熬煮不要過濃，即可變成番茄濃縮汁使用。

★ 紅番茄去皮、去籽處理，做出之番茄果醬會較優，若不去皮、去籽即處理，到最後
再做一次過濾也是可以的。

▶蕃茄醬的運用◀

不管是番茄醬或是其他果醬，他們的運用方法都決定於製作方式。當
然也會因水果品種與風味而有所差異。本書介紹的方法都是天然熬煮出來的
果醬，它可以變化出千百種果醬，也自然會有更多種用途，而不拘限於只當
一般的果醬塗抹用。凡是直接吃、稀釋飲用、塗抹吐司餐包、裝盤擺飾或涼
拌生菜沙拉皆行。

［ 辣椒醬 ］

香辣，但不火辣

　　紅辣椒除了做香辛料外，並可加工成辣椒醬，近來更有對紅辣椒進行分離提取，除可得到無味辣椒紅色素和辣椒鹼等產品外，其提取後的殘渣也可做辣椒油、辣椒粉和飼料或生物驅蟲劑等，其營養價值可與穀物媲美。

　　紅辣椒（Capsicum annuum）是茄科番椒屬植物，原產於中美洲和南美洲，因其營養豐富、味道鮮美而在世界各地廣泛種植，其產量在茄科蔬菜中僅次於番茄。大約在一千七百年前左右就有栽培紀錄，品種相當多。辣味不強的品種僅做鮮食用，辣味適中的品種做乾果用，辣味較強的品種做醫療用。多種野生種也各有其風味，受到不同國家的喜愛而有經濟栽培。

　　中國早期的辛辣調味品主要是薑和胡椒。自清末引進番椒後，到處都有栽種，才變成中國普遍大眾化的蔬菜之一，大陸的俗語說：四川人不怕辣，湖南人辣不怕，貴州人怕不辣，可見辣椒受歡迎的程度與影響。

　　經過釀製的辣椒醬，少了嗆辣的不適口，多了香氣與柔順的口感，將它當作拌麵的醬料或食物的沾料是最普遍的吃法，也是很受歡迎的醬料之一，對於嗜辣者來說，更是餐桌上不能缺少的良伴。

辣椒醬

製造方式＆製程

備料

↓

去蒂

↓

清洗秤重

↓

絞碎

↓

加鹽

↓

醃漬 1 個月

↓

翻炒

↓

裝罐

↓

成品

經過釀製的辣椒醬，少了嗆辣的不適口，多了香氣與柔順的口感。

食譜

📷 **成品份量** 共 800g

🕐 **製作所需時間** 約 1 個月

🧰 **材料** 新鮮紅辣椒 800g（100%）
細鹽 24g（3～5%）
特砂糖 40g（5～7%）
米醋 12cc（1.5～3%）

⚙️ **做法**

1 將新鮮紅辣椒洗淨瀝乾、晾乾，去蒂頭。

2 新鮮紅辣椒秤重。

3 特砂糖秤重。

4 細鹽秤重。

5 用攪碎機或料理棒將新鮮紅辣椒攪碎成泥。

6 加入特砂糖。

7 加入細鹽。

8 再加入米醋，攪拌均勻，蓋上蓋子。

每天攪拌至完全發酵（約1個月），若趕時間至少發酵10天，但要每天攪拌一次，直到沒有辣椒味即可進行炒製加工。

9 熱鍋，倒入沙拉油。

（沙拉油的份量約為紅辣椒泥的10%）

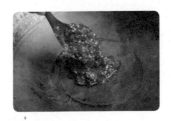

10 在鍋中放入發酵熟成的紅辣椒泥。

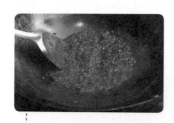

11 將紅辣椒泥炒熟。

12 取一個乾淨的空罐,將辣椒醬裝瓶。

13 使用酒精將瓶蓋殺菌。

14 封蓋,即可放入 5℃ 冷藏室備用。

注意事項

★ 紅辣椒製作加工時,先清洗再去蒂頭,最好先瀝乾及晾乾再做其他加工步驟。

★ 處理紅辣椒時,最好全程戴橡膠手套,並免過度刺激皮膚,造成極度不舒服。

★ 調味料的添加要注意原料的濃度,如酒精的度數、種類,醋的酸度、種類。

★ 先發酵過的紅辣椒與沒發酵的紅辣椒,在炒煮加工成辣椒醬的過程中,除了產品風味不同外,對胃腸的刺激也會不同。發酵完全的紅辣椒比較溫和,不會刺激胃腸。

★ 依據學者的研究,辣椒醬添加 14% 以上份量的鹽,去醃漬 31 天,不致分裂破壞酵母,營養價值才能保存。另外,在炒製時,添加蒜頭、米酒、香油 3%、薑 0.7%、醋 5%、豆豉 5%,則風味更好,接受度更高;如果加入茴香、花椒則接受度會降低。

如何分辨辣椒醬的好壞

辣椒醬美味的原因,個人的看法是在有無發酵的前處理,其次是在調味時有否油炒過,以及調味的配比是否協調,這些都屬於嗜口性原則,自己去斟酌。美味的辣椒醬看起來顏色鮮紅或鮮綠,味道豐富,兼具視覺與味覺的享受。

其他加味辣椒醬做法

白豆鼓蒜蓉辣椒醬

材料 新鮮紅辣椒 300g
白豆鼓 300g
蒜頭 100g
香油 60g
特砂糖 24g
細鹽 15g
米酒 15g
醋 30cc
五香粉 3g
味精 3g
玉米粉 少許
芝麻 15g

做法

1. 將新鮮紅辣椒去蒂後，洗淨晾乾，秤重，分批倒入料理機，添加醋和蒜頭，打碎成醬，倒入鋼盆內，加入細鹽醃漬，再倒入米酒，蓋住盆口。

2. 每天攪拌 1～2 次，至完全發酵沒有紅辣椒味即可加工。

3. 將白豆鼓全部倒入鍋內，煮至完全熟爛。倒入醃好的熟成紅辣椒泥，慢慢加熱，適時加入米酒、特砂糖、五香粉、味精、香油、芝麻粉做調味，最後以玉米粉做糊化，趁熱裝入洗淨、晾乾、消毒好的瓶內，封裝完成。

辣椒油

材料 新鮮紅辣椒 300g
沙拉油 3000g

做法

1. 挑選新鮮紅辣椒，去蒂和籽，用水洗淨瀝乾。

2. 按新鮮紅辣椒與沙拉油 1：10 的比例，將沙拉油倒入鍋內，加熱，待沙拉油冒濃煙時將鍋從火上撤離。

3. 放涼約 3 分鐘，將瀝乾水分的新鮮紅辣椒倒入鍋內，用筷子翻動，使其受熱均勻。等沙拉油涼後，撈出新鮮紅辣椒，剩下的油即為辣椒油。將辣椒油倒入洗好晾乾的馬口鐵蓋玻璃內封口即成。

辣椒醬

蒜蓉辣椒醬

材料　新鮮紅辣椒（100%）300g
蒜頭（2～3%）6g
細鹽（3～5%）9g
特砂糖（5～7%）15g
沙拉油或香油（5%）15g
陳年醋（1.5～3%）4.5g
米酒 適量
八角及花椒 適量
糯米粉 3g

做法

1. 鍋內倒入沙拉油（或香油）（約紅辣椒泥的10%），並放入八角及花椒爆香後撈去（也可以倒入切碎的香椿炸酥增加風味）。

2. 加入發酵熟成的紅辣椒泥以及蒜泥 2～3%（吃素者可不加）。

3. 煮沸後，加入細鹽、特砂糖、陳年醋、米酒，此時可適量加入調水糯米粉增加濃稠度，煮沸並趁熱裝罐（約八分滿），在辣椒醬上面再加入煮沸的沙拉油（或香油）（約總量的 5%），倒放於水中冷卻。

4. 若要做辣瓣醬，則在步驟 2 加入豆瓣醬10%，但調味時需注意鹹度。

清醬辣椒（發酵過的辣椒醪）

材料　新鮮青辣椒 1 包 300g
細鹽（27%）81g
醬油（50%）150g
冷開水 適量

做法

1. 選取小一點的新鮮青辣椒，剪掉辣椒柄。在新鮮青辣椒上紮 4～5 個孔，使鹽水滲入。

2. 按每 1000g 辣椒加 270g 細鹽的比例醃泡。將辣椒放入事先洗淨晾乾的缸裡，鋪一層青辣椒，撒一層細鹽，依序醃滿缸後，將剩餘的細鹽加一點冷開水溶成鹽水，冷卻後再沿著缸沿往缸裡注入鹽水。

3. 從第二天開始每天倒缸兩次，倒缸時將鹽水揚起以便散熱以及促使細鹽溶化。

4. 1 周後每天倒缸一次，醃 15 天辣椒成綠色後撈出，瀝去鹽水，倒入另一個乾淨的空缸裏。

5. 以每 1000g 辣椒加 500g 醬油的比例，再行醃泡，並壓上重物，醃泡 15 天即成清醬辣椒。

辣豆瓣醬

材料
新鮮紅辣椒 300g
白豆鼓 300g
蒜頭 50g
沙拉油 60g
香油 60g
特砂糖 24g
細鹽 6g
冷開水（約 10%）

做法

1. 前一天將新鮮紅辣椒去蒂後，洗淨晾乾，秤重。分批倒入打果汁機，添加酌量冷開水（約 10%，以食物調理機可轉動為限），打成辣椒泥，倒入盆內，加入鹽 2%，醃漬備用。

2. 蒜頭去皮，用食物調理機打碎成泥狀，備用。

3. 將一半白豆鼓，用果汁機打碎，備用。

4. 起油鍋，先將沙拉油、香油各一半倒入鍋內加熱，倒入大蒜泥炸一下，加入白豆鼓，再將新鮮紅辣椒分次加入油鍋，並不停翻炒至煮沸（此時沙拉油、麻油、香油也逐漸加入），以小火翻炒至紅辣椒油浮出，加入另一半的白豆鼓。

5. 試吃後，加細鹽、特砂糖調味，繼續拌勻，稍煮 2 ～ 3 分鐘即可起鍋，以不沾生水的湯匙趁熱裝入清潔晾乾消毒過的玻璃瓶。

辣椒醬

食用辣椒醬的好處

　　辣椒全身是寶，除了富含 β-胡蘿蔔素、碳水化合物、大量的維生素 C 以及鈣、磷等之外，當作乾果的營養價值也不低於鮮果，所以利用在加工品的項目很多。另外還含有辣椒鹼、二氫辣椒鹼、辣椒紅素、辣椒玉紅素等特殊成份，其中辣椒紅素、辣椒玉紅素是無限制性使用的天然食品添加劑，而辣椒鹼和二氫辣椒鹼是辣椒中的辛辣成分，具有生理活性以及持久的消炎鎮痛作用，內服可以促進胃液分泌，增進食欲，緩解胃腸脹氣，改善消化功能和促進血液循環；外用可以治療牙痛、肌肉痛、風濕病和皮膚病等疾病，對治療神經痛有顯著的助益。

食用辣椒的注意事項

■ 印度和南韓的菜餚中加入大量辣椒，經流行病學調查發現，辣椒素可能是引起腸癌發生的原因。大量進食辣椒，可能造成神經損傷和胃潰瘍。

■ 乾辣椒含有揮發性亞硝胺，可能是一種致癌物，但新鮮辣椒或辣椒醬不含此種亞硝胺（Tricker 等，1988 年）。

■ 炒製辣椒時要掌握火候，由於維生素 C 不耐熱，易被破壞，在銅器中更是如此，所以避免使用銅質餐具。

■ 紅辣椒辛辣會惡化痔瘡及潰瘍情況。

■ 吃完紅辣椒後，喝一杯牛奶可解除辣味，因為牛奶中的酪蛋白會抵消辣椒素的味道。

■ 大量食用辣椒，會使消化液分泌過多，引起胃腸粘膜充血、水腫，胃腸蠕動增劇，可引起胃炎、腸炎、腹瀉、嘔吐等，更不利於消化道疾病的恢復。另外還會使心跳加快，循環血量劇增，對心血管病的康復不利，所以有熱性病、潰瘍病、慢性胃腸炎、痔瘡、皮膚炎、結核病、慢性支氣管炎及高血壓等疾病的人應慎食。

[花生醬]

餐桌上的家常養生佐醬

在我國古代醫藥記載，花生具有滋補益壽、長生不老之功效，所以花生又有「長生果」之稱，民間諺語有「常吃花生能養生，吃了花生不想葷」的說法，可見其營養價值之高。花生自古備受重視，《本草綱目拾遺》裡有寫到：「花生有悅脾和胃、潤肺化痰、滋養調氣、清咽止瘧」等功效。花生除了能健胃、促進消化吸收之外，還能改善血液循環，使母乳的分泌正常。花生也含有抑制出血的成分，所以容易鼻血流不止或是出血的人，可以吃花生來改善。

製造方式＆製程

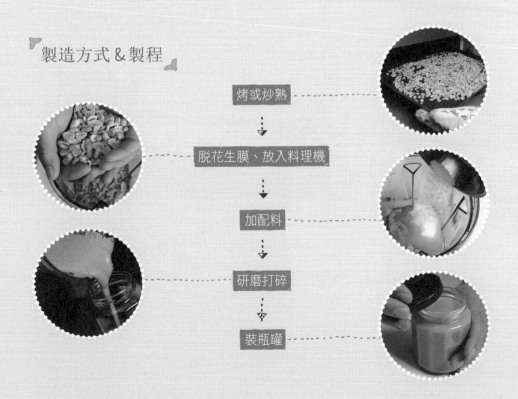

烤或炒熟

↓

脫花生膜、放入料理機

↓

加配料

↓

研磨打碎

↓

裝瓶罐

自製新鮮、不含添加劑的花生醬,可以
根據自己的口味添加到各種菜餚中。

Chapter
3

🕐 **成品份量** 共 900g

🕐 **製作所需時間** 約 1 小時

🍱 **材料** 炒（烤）熟花生 600g
特砂糖（或冰糖）80g
橄欖油 適量
細鹽 6g

⚙️ **做法**

1 烤箱預熱 150℃，熟花生平鋪烤盤，烤約 10 ～ 15 分鐘，取出放涼。

2 烤熟的花生去皮膜備用。將烤熟花生放入食物調理機裡。

如何分辨花生醬好壞

若花生是自然發芽而不是經刻意培養其發芽的花生，只要是發芽的花生就不要食用。另外花生溼度較高，不夠乾燥而外表發霉的成品也不要食用，以避免吃到黃麴毒素。

3 放入細砂糖（或冰糖）。

4 倒入橄欖油。

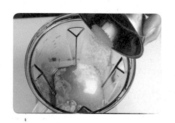

5 加入細鹽，攪打到成黏稠泥狀。

6 用酒精消毒瓶口。

7 將花生醬倒入瓶罐中。

8 封蓋，即完成。

🍲 注意事項

★ 花生可直接買已熟而且脫膜的花生或花生片。製作時仍然要先加熱烤過，約烤 15 分鐘，做出的花生醬才會香醇。

★ 細砂糖用越細越好，不要在攪拌之後的花生醬中仍出現顆粒。

★ 花生或花生片一定要新鮮，如此才不會出現臭油味。

★ 橄欖油適量，是指在將烤過花生與糖放入食物調理機裡加入橄欖油以及其他原料時，能攪得動為原則即稱適量。

食用花生的好處

　　花生的脂肪占 40 ～ 47%，在豆類之中高居第一。蛋白質達 30% 左右，相當於小麥 2 倍，玉米的 2.5 倍，大米的 3 倍，與雞蛋、牛奶、火腿等相比，毫不遜色，而且屬於優良植物性蛋白質，很容易被人體吸收。花生仁內還含有人體內不能合成的八種必需氨基酸，還含有豐富的核黃素、卵磷脂、維生素 A、B、E、K，以及鈣、鐵等 20 餘種微量元素，生吃熟吃都可起到滋補益壽的作用。

　　花生具有很高的藥用價值——花生中含有豐富的不飽和脂肪酸，能促進體內膽固醇的代謝和轉化，增強其排瀉功能，所以它具有降低血膽固醇的作用，可預防動脈粥樣硬化和冠心病。花生紅衣能抑制纖維蛋白溶解，促進血小板新生，加強毛細血管的收縮功能，因此可以防治出血性疾病。花生仁和花生殼還有降血壓、降血脂的作用，可用於防治高血壓。花生能平衡膳食，花生中含有豐富的抗氧化劑、維生素和礦物質。目前，全世界人們普遍存在四大營養缺陷，其一是蛋白質，全世界每 4 個孩子就有 1 個蛋白質能量營養失衡；其二是維生素 A 缺乏；其三是鐵元素缺乏，全球大約有 40 ～ 50 億的人存在鐵缺乏現象；其四就是碘缺乏，全球約有 22 億人對碘的攝入不足，而這四大營養缺陷，通過吃花生都可以彌補。花生富含優質的蛋白質和脂肪，還含有包括葉酸、維生素 E、維生素 B1、維生素 B6、維生素 B2、鎂、銅、磷、鉀、鋅、鐵、鈣等多種微量營養素。在調整人們，特別是孩子營養平衡方面有很重要的作用。

　　保護心臟不受傷——大量的研究表明，花生、花生醬等花生製品對保護心臟、預防心血管疾病有很好的效果。我們都知道適當地喝紅酒對心臟很有好處，其實，花生中含有和紅酒相同的抗氧化劑白藜蘆醇，這是一種很強的抗氧化劑，對血管的健康非常重要。而同時，花生中還含有少量的其他抗氧化劑異黃酮和皂，對控制膽固醇水準能起到輔助作用。所以，多吃花生能降低血液總膽固醇和有害膽固醇，而對有益膽固醇卻不會造成破壞。經常吃花生和花生製品，可以使心血管疾病的發生率降低 35%，特別是對於女性來說，停經後的女性經常吃花生還能有效降低冠狀動脈硬化的發病率。

減脂肪保持身材──過去，花生一直被認為脂肪含量過高而被很多人，尤其是肥胖、想減肥的人排斥。不過，近來多國的營養專家都在強調花生及花生製品能有效幫助人們控制體重、防止肥胖。營養專家們發現，優質的花生、花生油和其他花生製品中有一種叫葉酸的營養素，它含有大量的單不飽和脂肪酸，能夠增加熱量散發，燃燒有害膽固醇，降低高血脂。而除了葉酸，花生中還含有多種有益的纖維素，有清除腸內垃圾的作用，不會導致肥胖。早在去年的「花生營養價值產業前景國際論壇」上，美國營養專家表示，美國哈佛大學公共衛生學院及波士頓婦女醫院曾組織了 101 名患肥胖症的中老年男女，分為兩組，一組被指定吃低脂膳食（以瘦肉、蔬菜為主），一組吃堅果膳食（以花生油、花生醬、混合堅果、蔬菜為主）。半年後，兩組人的體重平均都減了 11 磅，但一年後，第一組的體重卻出現反彈，而吃花生的那組體重卻沒增加。

食用花生的缺點

　　花生油在台灣民間稱為「火油」，意指此油可讓人增加火氣，火氣者，發炎也，其理如上所述。時常火氣大的人，不宜多吃花生和花生油。

　　花生容易感染黴菌而發霉，黴菌分泌黃麴毒素 B_1，這種毒素是自然界中最強烈的天然致癌物之一，可引起肝癌。用發霉的花生原料製成的花生醬或其他花生食品，都可能含有這種毒素，補救之道是不吃發霉的花生，也應盡量少吃花生製品，理由是消費者無法確知花生原料沒有黴菌。

花生醬的運用方法

　　花生醬在西方非常流行，家庭可以自製新鮮、不含添加劑的花生醬，也可以到商店購買。花生醬可以直接塗抹食用，也可以製作沙拉、糕點，還可以根據自己的口味添加到各種菜餚中去。

Chapter

4

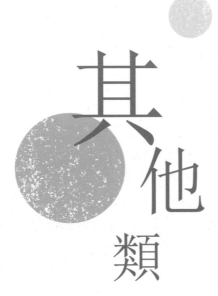

其他
類

〔 納豆 〕

在家也能自製健康好菌

4

　　納豆（Natto），學名枯草菌。它是煮熟的大豆與稻草偶然接觸而產生的。日本傳統的做法是把煮熟的大豆趁熱裝在用稻草做成的器皿里，利用稻草上附著的天然納豆菌自然發酵而作成的。用這種方法作成的納豆中，除了含有納豆菌以外，自然還含有其他雜菌，不僅衛生安全堪慮，而且品質也不好無法均一化。幸好現代生物科技發達，已將納豆菌純化並乾燥成粉末菌種，不但易於保存使用，也達到安全好培養的有利條件，只是純菌培養對消費者而言成本是高了一些，技術也有一定的難度，故在此介紹以便宜又能安全的DIY方式，提供另一種製作納豆方法供選擇。只要熟練掌握住溫控要領，一樣可達到相當的製作水準。

製造方式＆製程

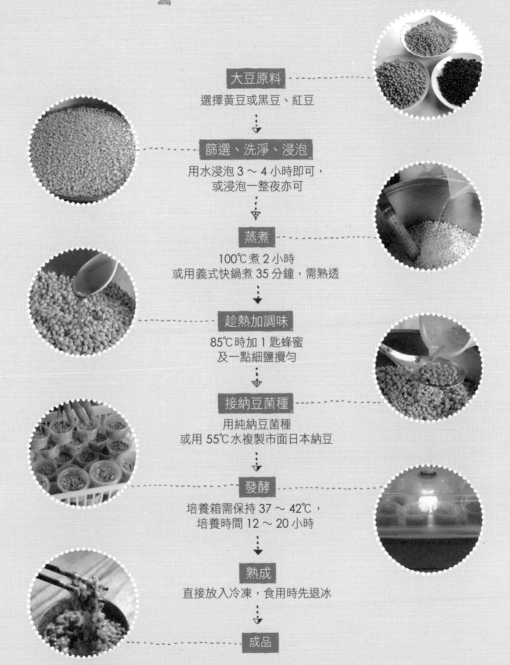

大豆原料

選擇黃豆或黑豆、紅豆

篩選、洗淨、浸泡

用水浸泡 3～4 小時即可，
或浸泡一整夜亦可

蒸煮

100℃煮 2 小時
或用義式快鍋煮 35 分鐘，需熟透

趁熱加調味

85℃時加 1 匙蜂蜜
及一點細鹽攪勻

接納豆菌種

用純納豆菌種
或用 55℃水複製市面日本納豆

發酵

培養箱需保持 37～42℃，
培養時間 12～20 小時

熟成

直接放入冷凍，食用時先退冰

成品

納豆

納豆發起的白色黏絲，就是對身體有益好菌。

食譜

成品份量 共 2400g（60g/ 盒 x 40 盒）

製作所需時間 18 小時

材料　大豆 1200g
（非基因改良的黃豆或黑豆，大小顆
粒皆可）

納豆菌粉 1g
（或用超市賣的現成冷凍日本納豆半
盒，25g/ 盒）

細鹽 約 0.5g

蜂蜜 約 30g

工具　高壓義式快鍋或普通鍋 1 個

不鏽鋼盆 1 個

淺容器 40 個
（保利龍飯盒、紙湯盒、塑膠布丁盒
等，容量 50 ～ 100g 皆可）

保溫用的器皿 1 個

溫度計 1 支

做法

1 蒸煮大豆
大豆充分洗淨後，加入
大豆重量 3 倍量的水，
浸泡一夜。

2 倒掉浸泡水

納豆

243

3 放進快鍋或高壓鍋內蒸到大豆用手捏碎的程度，大約需 30～45 分鐘。如沒有高壓鍋煮也行，煮的時間約需 1.5～3 小時。但用快鍋煮大豆時，水一次不要放得太多，約大豆以上 1cm 的水量。為了保持大豆的原汁原味，最好是用蒸的（但大豆一定要煮熟）。

4 加入蜂蜜

5 加入細鹽

6 接種納豆菌

納豆菌在適宜的溫度下，30 分鐘就能將菌體增殖 2 倍左右。所以 1200g 乾黃豆，納豆菌粉的使用量只需 1g。若使用市售現成納豆的半盒分量做為菌種，可以選擇自己喜歡吃的那種廠牌的納豆，把它冷凍起來，做為菌種使用（複製時不需要退冰處理，然後用溫熱水溶解）。1200g 乾大豆納豆菌的使用量為半盒（一盒 25g）。先將現成納豆加溫水活化取出其汁液，把它加入到煮熟的熱黃豆中拌勻，複製方法同上。

7 把菌種用 50ml 溫水溶解活化。

5 將煮好的大豆濾乾

11 蓋緊盒蓋

9 將菌種均勻的加入到煮熟的大豆中,迅速攪拌均勻。

12 因為納豆菌是嗜氧菌,接觸空氣是很重要的,所以打開盒子中間的透氣孔。

10 將混和菌種的大豆分裝在保利龍飯盒、紙杯或塑膠杯中,約 2cm 高。

13 上面蓋上紗布或者在塑膠盒之間架上一雙筷子,使它可以充分接觸空氣。

納豆

14 於恒溫下發酵 12～18 小時

利用恒溫保溫箱發酵，溫度設定在 40℃，連續發酵 12～18 小時即可。若在家中沒有好的保溫設備，可採取下列幾種做法：利用裝食物的回收保麗龍箱，在乾淨的大保麗龍箱內放入幾瓶裝滿 50℃ 熱水的寶特瓶子，把已接種上納豆菌的保利龍飯盒擺在瓶子上，上面蓋上乾淨的毛巾保溫。箱內理想溫度是 40℃。如箱內溫度降到 37℃ 以下時瓶內重新換入 50℃ 的熱水。如此反覆更換瓶內熱水，發酵 14～15 小時，大豆表面產生了白膜，有黏絲出現後，大豆就變成了納豆。蓋緊蓋子，放入冰箱冷藏室低溫保存（在台灣根據實 DIY 務經驗可培養至 18 小時甚至到 24 小時尚可，培養溫度恒溫在 38～40℃ 即可）。如果沒有保利龍箱，也可使用大紙箱，四周包上棉被和電毯，或者箱內插入一只 60～100 燭光的電燈泡等方法來保持箱內恒溫（小心過熱，燈泡不可靠近紙箱上以免火燒紙箱，注意安全）。注意納豆培養過程仍需少量接觸空氣。

15 後熟階段

在 37～42℃ 的恒溫下發酵 14～15 小時，然後放在冰箱內低溫熟成數小時後，在移置冷凍庫保存做好的納豆，無論是外觀還是口感都會更好。因此建議納豆做好後，先放入冰箱內低溫熟成數小時以後再食用。完成的納豆呈漂亮的絲狀。

🍲 注意事項

★ 注意培養納豆發酵時，發酵溫度要保持 40 ～ 42℃ 的恒溫，至少要 37℃ 以上。而且要持續 12 小時以上。

★ 納豆菌要接種到熱熱的大豆中（所謂熱熱的溫度是熟大豆 85℃ 左右時接菌最好，也就是說大豆煮好後，倒出濾汁就可接菌）。

★ 煮好的大豆，要將多餘的大豆汁濾掉，含水率不要太高，否則會長不出菌絲，或菌絲會長得很少。

★ 如果要多產生納豆菌絲，可以在接菌種之前，加 1 ～ 2 匙蜂蜜及一點點鹽巴至煮熟的熱黃豆中，並攪拌均勻再接入納豆菌。

★ 若只用燈泡作保溫方式，則冬天燈泡使用 100 燭光，夏天可使用 40 ～ 60 燭光。

★ 若採用調光器控制燈泡散發的溫度，插電後約半小時以上才會顯示正確的箱內溫度，再調整所需之溫度。

★ 納豆培養時間為接完菌種放入培養箱開始 12 ～ 24 小時，以培養 18 小時最好。

🍃 食用納豆的好處 🦋

■ 可溶解血栓，預防腦血管栓塞、腦出血、心肌梗塞等心血管疾病。

■ 降低血膽固醇、預防高血壓及粥狀動脈硬化、保護肝臟。

■ 抗菌、消毒。

■ 調整腸道功能。（治療痢疾感染、腸胃發炎、脹氣、消化不良、便秘、殘便等功效）。

■ 減少骨質疏鬆的發生、防止老化。

■ 抗癌效果。

■ 提高蛋白質消化率。

如何分辨家庭釀與工廠釀的納豆

市面上只要用四方形保麗龍盒裝的納豆，基本上都是純釀的。家庭自釀的，由於設備簡單，而且用的是複製菌種，每批品質多少都會有些差異；而工廠生產的，由於有恆溫恆濕培養箱或設備，以及用純菌種發酵接菌，所以品質可達均一化。

提高納豆的保健效果

- 晚餐吃納豆效果最好。通過實驗,日本的須見洋行教授認為,食用納豆 1～12 小時之間,納豆激酶最能發揮溶解血栓的功能。而據統計腦梗塞、心肌梗塞等各種血栓病,發病時間多為清晨及星期一。因此每晚或星期日晚餐吃效果最好。

- 儘可能不加熱吃。納豆激酶不耐熱,加熱到 70℃ ,酵素活性就消失了。所以生吃效果最好。

- 必須堅持每天吃。納豆激酶進入體內後,其酵素活性維持半天左右。所以儘可能每天至少吃 30g,其中以吃 100g 最理想。

- 有效日期稍過也能吃。納豆的有效保存期限隨保存的設備而不定,從一星期到一年。它在冰箱內低溫保存過程中,還在進行著緩慢的低溫熟成發酵,納豆激酶和 Vk_2 也在不斷增加。但有效日期過後雖然也能吃,只是納豆菌會為了生存會不斷分解蛋白質,其結果臭味逐漸增加。如果沒有用冷凍保存,過期後雖能吃但最好不要吃。

- 發酵培養時間完成後,馬上將發酵好的納豆直接放入冷凍庫熟成保存。每日早上先從冷凍庫取出一盒放置冷藏庫退冰,下班後再吃。

- 放入冷凍庫保存有效保存期可達半年以上,若放在冷藏庫,有效期約一星期,時間越長,味道會變濃。

食用注意事項

- 納豆的食用量為每日每人食用至少 30g，最多 100g，建議每天應吃足量 50g。市面上由於每家廠家出產的納豆每盒容量重量不一，自己吃的量千萬不可以盒計量，要用重量計算會準確些，如此才能達到食療效果。食用初期一定要達到每日 50g 以上的量，至少維持 10 天，之後再評估是否須減量食用，一次食程最好維持一個月會較完整。

- 有心血管疾病患者，或醫生交代在服用血液凝固阻止劑時，因納豆中的 Vk_2 元素能使藥物失去藥效，所以在服藥期間請不要食用納豆。

- 擔心豆類會引起痛風的食用者，可改用另一方式吃納豆：將培養好的納豆，用筷子攪勻出絲再加入溫開水 150g，攪勻倒出豆汁飲用即可，不必吃到大豆也有效。對怕納豆口味的食用者，亦可如上述方法將溫開水改用水果汁拌攪，只喝汁即可。

- 納豆雖然有很高的藥用價值食療效果，但因一般人對它特有的臭味及黏絲，使一部分人對它敬而遠之。那麼怎樣吃，臭味才會消失或減少呢？對於討厭納豆臭味的人，可以用一些香味重的食品來中和納豆的臭味，如青蔥、蝦皮、小魚乾等，同時還能提高抗酸化能力。討厭納豆黏絲的人，可以把納豆加水稀釋 1～2 倍後，再加入醬油或醬油膏等調料一起吃。還可以把納豆切碎後，加入到涼湯中一起喝。不過我認為自己隔夜就培養出的鮮納豆，由於新鮮產出，沒有再經保存或運送過程的變化，一般人認為納豆的臭味幾乎不存在，非常美味可口。

納豆

納豆的標準吃法

■ 納豆從冷凍庫取出放到冷藏庫退冰回溫後，將蜂蜜或蔥花、醬油調味料和芥辣醬，一併放在碗內，再用筷子向右或向左旋拌（往同一方向攪拌）攪 50 次，待納豆發起白色絲狀泡沫，起黏絲即可食用。

■ 乾燥納豆易於保存，可用於下酒或茶、泡飯、捲餅等。

■ 一般納豆保存限於 10℃ 以下，有效期為一星期以內。

■ 用溫水將納豆黏絲溶出，再加入有機新鮮的果汁中或生機飲食中。

■ 納豆的最常用的吃法組合：

納豆 + 蜂蜜　　　　　　　納豆 + 山葵椒鹽

納豆 + 青蔥末　　　　　　納豆 + 大白蘿菠末

納豆 + 韓國辣白菜　　　　納豆 + 生蛋黃

納豆 + 海帶或海帶芽　　　納豆 + 芝麻 + 蜂蜜

納豆 + 醬油膏　　　　　　納豆 + 蔥花 + 醬油 + 芥辣醬

〔 香蔥醬 〕

人人都愛濃郁蔥香

香蔥油又稱紅蔥頭油,主要是用新鮮的紅蔥頭,用油去炸出香氣與酥脆的渣而成,沒有太大的學問,但許多人就是炸不好,主要是火候控制不好、香蔥頭原料處理不好,或是最後起鍋時少了一道用醬油或米酒嗆香手續。有興趣不妨動手做做看。

紅蔥頭油的用途很多,可以作為油雞切片的淋醬或沾醬、炒青菜時的拌料、豬油拌飯以及傳統油飯、炒米粉的表面淋料與拌料。

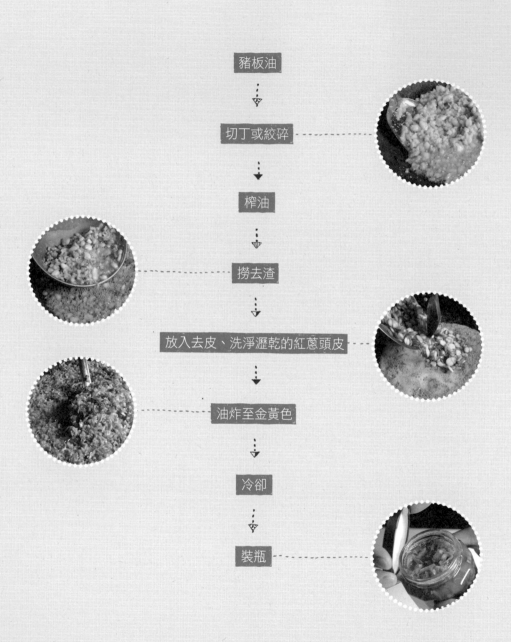

豬板油

↓

切丁或絞碎

↓

榨油

↓

撈去渣

↓

放入去皮、洗淨瀝乾的紅蔥頭皮

↓

油炸至金黃色

↓

冷卻

↓

裝瓶

4

香蔥醬是一種萬用醬，不論拌飯或拌麵皆行。

食譜

📷 **成品份量** 約 1 公斤
（1800cc 櫻桃罐裝 ×1 瓶）

🕐 **製作所需時間** 1 小時

🍴 **材料** 新鮮紅蔥頭 1 台斤
豬板油 1 台斤（或沙拉油）
醬油或米酒 少許

⚙️ **做法**

1 將新鮮紅蔥頭去蒂頭。

2 剝去外層皮，洗淨瀝乾。

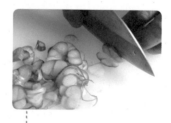

3 切片備用。

Chapter 4

4 將豬板油切丁，或直接請豬肉店絞碎，備用。用小火先將豬板油榨油。

7 炸到新鮮紅蔥頭變成金黃色時，即要熄火，油的餘溫會使新鮮紅蔥頭顏色繼續變深變酥。（此步驟是關鍵點）

5 撈起豬油渣。

8 起鍋前，傳統做法會加一點醬油或米酒去嗆香。

6 再將新鮮紅蔥頭片放入炸炒，注意火侯控制。（也可等油溫度降到50℃後再放入新鮮紅蔥頭片炸，較不會因溫度太高，一放入新鮮紅蔥頭片就焦黑的現象）

9 將醬油或米酒與新鮮紅蔥頭油攪勻。

香蔥醬

10 溫度至少降低至95℃以下時或完全冷卻再裝瓶。先裝入紅蔥頭酥。

11 再裝入紅蔥頭油。

12 鎖蓋即成香蔥油或稱紅蔥頭油。

🍲 注意事項

★ 新鮮紅蔥頭一定要瀝乾，否則會爆油。

★ 新鮮紅蔥頭不要剝去全部外皮，因為是香氣的來源。

★ 用小火油炸香新鮮紅蔥頭，比較不會燒焦。如果炸太焦，顏色太深不好看，也容易上火。

★ 豬油或沙拉油可任意增減，主要看使用用途，若用豬油爆新鮮紅蔥頭是傳統作法會較香其缺點是冷卻後油會變成固態白油，若用沙拉油就不會，始終是液態狀，只使用油時較方便。

★ 最後起鍋前，傳統會加一點醬油或酒去嗆香，不彷可試試看。

★ 爆好紅蔥頭油時，就將渣瀝乾油再分開裝，感覺較不油膩。它的渣就是市售的乾燥的紅蔥頭酥。

★ 客家人傳統的豬油拌飯，就是用此紅蔥頭油加上一點醬油，淋在白飯上拌勻，就成豬油拌飯，簡單又不需配菜即可吃一碗飯。

〔 奈良漬醬 〕

風味出奇的甜漬醬

「奈良漬」主要是指用酒粕、味醂粕或味噌去醃製的產品，因早期以日本奈良地區出產的最有名，後來就將類似以味噌加工醃漬的產品通稱為奈良漬，口味偏甜，風味獨特，深受長輩們喜愛，可惜現在越來越少看見此類產品。本篇所附的今朝黃金脆瓜配方不彷做做看，相信會讓您驚奇叫好。

一般用於醃製醬菜、魚或肉，如奈良越瓜。也可用於製作成沾醬類，如肉圓醬。

製造方式＆製程

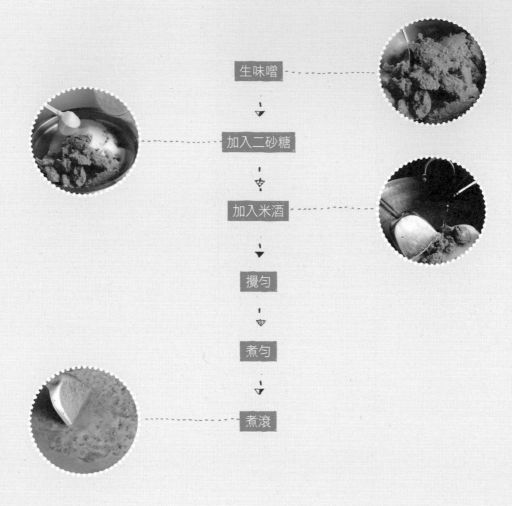

生味噌

↓

加入二砂糖

↓

加入米酒

↓

攪勻

↓

煮勻

↓

煮滾

4

奈良漬醬口味偏甜，風味獨特，
深受長輩們喜愛。

奈良漬醬

食譜

成品份量 約 3 台斤（1800g）
（發酵時使用 1800cc 櫻桃罐裝 ×1 瓶）

製作所需時間 1 小時

材料 味噌 1 台斤
20 度米酒 1 台斤
二砂糖 1 台斤

做法

1 取用將 1 台斤的生味噌。

2 加入 1 台斤的二砂糖。

Chapter 4

3 再加入 1 台斤 20 度的米酒，先攪散攪勻。

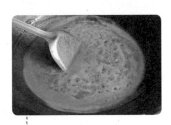

4 再放入鍋中煮勻，再煮滾即可（此法較不易燒焦），由於味噌沒攪打過，成品偶爾會出現碎黃豆粒，非常自然可口，用於醃漬時非常好用。

🍲 **注意事項**

★ 也可以將 3 種原料一起倒入料理機攪打均勻，攪打至不存在有顆粒，再下鍋煮滾即可。因有攪打過均勻，成品會較細緻。常用於沾醬。

★ 用二砂糖，顏色與味噌比較接近自然，用特砂糖亦可。

★ 米酒也可改用 20 度米酒。甚至為了成本考量，也可以直接用水替代，但風味稍有不同。

★ 味噌可以用自釀的或直接從市場買得皆可。

★ 也可以另外加紅辣椒、紅糟或抹茶粉做出另種風味的調味料。

★ 製作沾醬時，可加糯米粉水稀釋味噌香氣，但利用糯米來糊化，會使醬汁變成更濃稠。如果加入番茄醬則顏色轉紅，色澤較討喜。

奈良漬醬運用食譜

味噌醃菜心或味噌醃結頭菜

📷 **成品份量** 約 1500g
　　　　　　（發酵時使用 1800cc 櫻桃罐裝 ×1 瓶）

🕐 **製作所需時間** 3 天

🍱 **材料**　菜心或結頭菜 600g
　　　　　細鹽 12g
　　　　　味噌 300g
　　　　　20 度米酒 300cc
　　　　　特砂糖 300g

⚙️ **做法**

1 將菜心或結頭菜去皮。

2 切段或切片,最好大小一致。

3 放入塑膠袋中。

4 加入細鹽 12g。

8 將醃過細鹽的菜心或結頭菜裝在鋼盆中備用。

5 搓揉醃製半小時，主要是去除苦澀味。

9 將味噌、特砂糖、米酒混合煮滾，直接沖入裝有菜心或結頭菜的鋼盆中，迅速攪拌均勻，讓它快速散熱，千萬不可蓋蓋子。若不蓋蓋子，而且散熱又快時，則菜心或結頭菜會達到殺菌的作用，而成品也會有又脆又爽的效果。若蓋上蓋子則會被熱氣悶到，做出的菜心或結頭菜的口感會變軟。

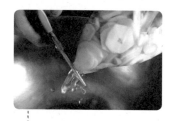

6 將塑膠袋一角減掉。

🍲 **注意事項**

★ 冷卻後再裝瓶，封罐後利用蒸籠蒸氣做第二次滅菌保存，也可以用熱沖法方式，但一定要馬上放入冷水降溫，最好用一樣的方式做第二次滅菌保存。

★ 在家中可直接用保鮮盒裝，醬汁放涼後再倒入菜心或結頭菜中拌勻，放入冰箱冷藏醃製 12 天即可食用。

7 將細鹽水擠乾。

今朝黃金脆瓜（越瓜）

📷 **成品份量**　約 18 公斤
（發酵時使用 12000cc 桃太郎罐裝）

🕐 **製作所需時間**　一星期

🧺 **材料**　越瓜 30 台斤（18 公斤）
　　　細鹽 1 公斤〈可增減〉
　　　冰糖（或特砂糖）5 台斤
　　　（第一、二次各 1 台斤，第三次 2 台斤，
　　　　第四次 1 台斤）
　　　20 度米酒 3 台斤
　　　（第一、二、三次各 1 台斤）
　　　味噌 3 台斤
　　　（第一、二、三次各 1 台斤，使用嫩
　　　　味噌）

🍚 **做法**

1 越瓜擦乾（不可水洗），剖開，用湯匙將內籽挖除，再切成大塊，加入 1 公斤細鹽，抓細鹽後醃漬 24 小時，至出水，用釋出的細鹽水洗淨瓜塊，然後倒掉細鹽水（若仍怕太鹹，可再用冷開水沖洗），並要用重物或大石塊壓 8 小時。去掉細鹽水，將擠乾的瓜條，整形切成適合大小的條塊狀，備用。

2 第一次配料用米酒 1 台斤，味噌 1 台斤和冰糖 1 台斤，煮滾、煮成醬汁。

3 煮滾的醬汁，熄火後趁熱立刻倒入已切好壓乾的越瓜塊中，等整鍋越瓜條與醬汁醃漬 24 小時後，再將越瓜條撈起擠乾，並將鍋中的舊醬汁倒掉。第二次再重新用新的配料醬汁煮滾，趁熱再沖回越瓜條中醃漬 1～2 天，讓越瓜的汁液慢慢釋出而醬汁轉而滲透入瓜肉內。

4 第三次再將醬汁濾出，倒掉，越瓜塊擠乾，重新煮滾配料，此次配料中的冰糖需多加1台斤（即冰糖2台斤、米酒1台斤、味噌1台斤）一起煮滾後，改小火熬煮1～2小時至醬汁成濃稠狀。趁熱混合瓜塊，醃漬3～5天。讓越瓜的汁液徹底釋出而醬汁轉而滲透入瓜肉內。再濾出醬汁。

5 將第三次醬漬好的越瓜條撈起，分別放入乾淨的玻璃容器中，備用。

6 同時將濾出的醬汁第四次再加冰糖1台斤（在煮的過程中也可加入紅辣椒產生辣味），煮滾後，改小火熬煮至醬汁成濃稠狀，熄火。並將煮滾後的醬汁，分別倒入已放滿瓜條塊的玻璃罐，立刻封罐密封即可。

7 本成品，因沒加防腐劑，需冷藏保存。

8 30台斤的越瓜，大約可做14罐450cc罐左右。

◎ **注意事項**

★ 若擔心沒放防腐劑不耐保存，之後每隔一星期濾出醬汁回煮1～2次，則可常溫保存，如太鹹或不夠甜，回煮時可酌加冰糖。

★ 奈良漬的應用：若按標準比例去熬煮，多數人會認為偏甜，這是它的標準風味，可自行改良屬於自己的口味。如加入2%的細鹽，則口味會較鹹。你也可改變回鍋熬煮的次數，只熬一次的醬料與熬三次的醬料口味及保存度也完全不同。另外額外加其他東西的口味又不同，若加紅辣椒則偏辣味，若加些醬油則增加些陳味。可說是千變萬化。

香蔥醬運用食譜

香蔥肉燥醬

材料

絞肉 600g
紅蔥頭油 300g
醬油 少許
20 度米酒 少許
沙拉油 適量

做法

1. 將絞肉加一點沙拉油炒煮，炒至絞肉變白已無肥肉約九分熟，此時鍋中已無水分。
2. 加入已製作好的紅蔥頭油，與絞肉拌勻，再加入少許醬油及米酒嗆香，炒至無水分即可裝罐完成。

注意事項

香蔥肉燥醬是一種萬用醬，不論拌飯或拌麵皆行，尤其炒青菜或是燙青菜，在青菜上面淋一匙香蔥肉燥醬，對味極了。

奈良漬醬

米麴、麵麴、酒麴、豆麴、釀製器具材料哪裡買？

🈁 今朝釀酒工作坊

地址／桃園縣新屋鄉埔頂路 101 號

電話／(03)4970-937

手機／0933-125-763

賣的品項／熟料酒麴、生料酒麴、高梁酒麴、甜酒釀酒麴、水果酵母菌、紅麴菌、紅麴米、功能紅麴、米麴菌、醬油麴、醬油醪、豆腐角、味噌麴、納豆菌種、醋酸菌種、釀製器具、蒸餾設備……等。

🈁 江西甜酒大王

購買地址／台中市東區練武路 63 號

電話／(04)2213-8726

賣的品項／只賣酒麴類

🈁 清水傳統酒麴

網路訂購／ http://chienmingliang.myweb.hinet.net

購買地址／台中市清水區西社里海濱路 60 號

電話／(04)2622-2110

賣的品項／米香酒麴、醬油酒麴、紅麴、紹興酒麴、狀元紅酒麴、珍香酒麴、甜酒釀麴、高梁酒麴、天然酒麴……等。

🈁 大山器材原料行

網路訂購／ http://www.tasan5.com/dir/281/page1.html

購買地址／桃園市龍安街 14 巷 54 弄 14 號

電話／(03)370-0000

賣的品項／酒麴酵素、甜酒麴、味噌麴、醬油麴、醋麴、水果麴、米麴、高梁麴、米酒麴、酒精麴、藥酒麴、糖蜜麴、紅麴粉、水解酵素、纖維酵素、釀製器具……等。

👥 國華酒麴食品行

購買地址／桃園市國豐二街 31 號 1 樓

電話／ (03)360-0338

手機／ 0933-104-677

購買前須要事先打電話過去。最少要買 300g 以上

賣的品項／米麴、豆麴、醬油麴、甜酒釀麴、醋酸麴、高粱麴、高粱生香酵母、糖蜜麴、紅麴……等。

👥 永新酒麴 茂興酵母有限公司

網路訂購／ http://www.yong-xin.com.tw/shoplist.asp

地址／彰化縣芬園鄉彰南路 4 段 452 巷 7 號

電話／ (049)2527-273

手機／ 0937-761-370

賣的品項／日本進口醬油種麴、醬油增香魯氏酵母、 醬油增香球擬酵母、 味噌麴、米酒傳統熟料酒麴、生料酒麴、高粱酒麴、釀酒高活性乾酵母、水果酒酵母、甜酒釀酒麴、鹽麴、豆麴、紅麴、麵包酵母、各式釀造菌種……等。

👥 益良食品行

http://www.ichanchem.com/index.php

購買地址／台北市大同區西寧北路 98 號

電話／ (02)2556-6048

賣的品項／只賣米麴類

👥 昱霖坊

網路訂購／ http://www.yulinfang.url.tw/prodhot.asp

購買地址／台中縣神岡鄉社口街 256 巷 5 號

電話／ (04)2563-3130

手機／ 0910-527-060

賣的品項／甜酒釀酒麴 、納豆菌 、紅麴 ……等。

DIY
釀醬油、米酒、醋、紅糟、豆腐乳 **20** 種家用調味料

Recipes

自己釀

作　　者	徐茂揮・古麗麗
責任編輯	梁淑玲
攝　　影	吳金石
封面、內頁設計	葛雲

總 編 輯	林麗文
副 總 編	梁淑玲、黃佳燕
主　　編	賴秉薇、蕭歆儀、高佩琳
行銷企畫	林彥伶、朱妍靜
印　　務	江域平、李孟儒

社　　長	郭重興
發行人兼出版總監	曾大福
出 版 者	幸福文化 / 遠足文化事業股份有限公司
發　　行	遠足文化事業股份有限公司
地　　址	231 新北市新店區民權路 108-2 號 9 樓
電　　話	（02）2218-1417
傳　　真	（02）2218-8057
郵撥帳號	19504465
戶　　名	遠足文化事業股份有限公司
印　　刷	通南彩色印刷有限公司
電　　話	（02）2221-3532
法律顧問	華洋國際專利商標事務所　蘇文生律師
初版一刷	2014 年 1 月
二版三刷	2022 年 6 月
定　　價	420 元

國家圖書館出版品預行編目 (CIP) 資料

自己釀：DIY 釀醬油、米酒、醋、紅糟、
豆腐乳 20 種家用調味料 /
徐茂揮，古麗麗著；

－ 二版 . – 新北市：幸福文化出版：
遠足文化發行，2018.03
面；公分 . – (飲食區 Food&wine；6)
ISBN 978-986-95785-6-1(平裝)

1. 調味品 2. 食譜

427.61　　　　　　　　107002592

23141

新北市新店區民權路108-4號8樓

遠足文化事業股份有限公司　收

幸福文化　　書名 自己釀　　書號 0HFW0005

讀者回函卡

感謝您購買本公司出版的書籍，您的建議就是幸福文化前進的原動力。請撥冗填寫此卡，我們將不定期提供您最新的出版訊息與優惠活動。您的支持與鼓勵，將使我們更加努力製作出更好的作品。

讀者資料

● 姓名：＿＿＿＿＿＿＿＿　● 性別：□男　□女　● 出生年月日：民國＿＿＿年＿＿＿月＿＿＿日

● E-mail：＿＿＿＿＿＿＿＿＿＿＿＿＿＿＿＿＿＿＿＿＿＿＿＿＿＿＿＿＿＿＿＿

● 地址：□□□□□＿＿＿＿＿＿＿＿＿＿＿＿＿＿＿＿＿＿＿＿＿＿＿＿＿＿

● 電話：＿＿＿＿＿＿＿＿＿＿　手機：＿＿＿＿＿＿＿＿＿＿　傳真：＿＿＿＿＿＿＿＿＿

● 職業：□學生□生產、製造□金融、商業□傳播、廣告□軍人、公務□教育、文化□旅遊、運輸□醫療、保健□仲介、服務□自由、家管□其他

購書資料

1. 您如何購買本書？□一般書店（　　　縣市　　　　書店）
   □網路書店（　　　　書店）　□量販店　□郵購　□其他

2. 您從何處知道本書？□一般書店　□網路書店（　　　　書店）　□量販店
   □報紙　□廣播　□電視　□朋友推薦　□其他

3. 您通常以何種方式購書（可複選）？□逛書店　□逛量販店　□網路　□郵購
   □信用卡傳真　□其他

4. 您購買本書的原因？喜歡作者　□對內容感興趣　□工作需要　□其他

5. 您對本書的評價：（請填代號 1.非常滿意　2.滿意　3.尚可　4.待改進）
   □定價　□內容　□版面編排　□印刷　□整體評價

6. 您的閱讀習慣：□生活風格　□休閒旅遊　□健康醫療　□美容造型　□兩性
   □文史哲　□藝術　□百科　□圖鑑　□其他

7. 您最喜歡哪一類的飲食書：□食譜　□飲食文學　□美食導覽　□圖鑑
   □百科　□其他

8. 您對本書或本公司的建議：

＿＿＿＿＿＿＿＿＿＿＿＿＿＿＿＿＿＿＿＿＿＿＿＿＿＿＿＿＿＿＿＿＿＿＿＿

＿＿＿＿＿＿＿＿＿＿＿＿＿＿＿＿＿＿＿＿＿＿＿＿＿＿＿＿＿＿＿＿＿＿＿＿

＿＿＿＿＿＿＿＿＿＿＿＿＿＿＿＿＿＿＿＿＿＿＿＿＿＿＿＿＿＿＿＿＿＿＿＿